JN082045

Indian Magical Method

暗算が速くなる！

ドリル版

インド式
かんたん計算法

水野 純

「2ケタ」「3ケタ」
かけ算編

三笠書房

インド式計算法の 魔法のような うれしい効能！

数字に強い
インドの人たちの
「計算力×算数力」が手に入る本！

① 勉強力 もみるみるUP！

◆「勉強＝楽しい！ ためになる！」

というイメージが生まれてきます

② 記憶力 もみるみるUP！

◆一度覚えたら脳に定着しやすくなる

ので、なかなか忘れなくなります

③ 試験力 もみるみるUP！

◇「問題を解く」ことがおもしろく

感じられ、本番でも全力が出せます

「うれしい＋楽しい驚き」がいっぱいある本！

④ 数字力 もみるみるUP！

◇「数字感覚」と「数字センス」が

自然と磨かれ、数字に強くなります

⑤ 持続力 もみるみるUP！

◇「同じ作業をくり返す」が苦痛どこ

ろか、いいリズムに感じられます

⑥ IT力 もみるみるUP！

◇「計算＝好き」になるので、デジタル

感覚もすんなりと身につきます

魔法の「インド式かけ算」だから
楽しみながら

数字に強くなる！ 脳が元気になる！

人工知能（ＡＩ）の進化など、今、世の中がどんどん変化しています。このような時代、計算力は、ますます大事なものになってきました。計算力を養えば、理数系能力が磨かれるからです。

理数系能力が磨かれれば、子どもも大人も、頭の回転が自然と速くなります。ＩＴやＡＩの進化について理解できるだけでなく、世の中全体の変化に乗り遅れる心配もなくなるはずです。

計算力がもたらす「うれしい効能」は、まだまだあります。

とくに、子どもは、計算力を養うと、いいことばかり。算数や理科の成績が、自然と良くなっていくでしょう。理解力も高まるので、社会全体のいろいろなつながりが、すんなりとわかるようになります。それが自己肯定感につながり、将来、中学受験、高校受験といった場面でプラスの結果を出す力になるかもしれません。

大人にしても、計算力を養えば、得をすることがたくさんあります。理数系能力が磨かれるので、抽象的な考え方も得意になるはずです。それが、仕事では、具体的な成果につながったり、私生活では、もの忘れ・ボケ防止につながったりすることが考えられます。

その計算力を一番かんたんに養う方法が、「インド式計算法」です。

インドの人たちが、計算に強いのは、「インド式計算法」を知っているからだと言われています。実際、高い理数系能力が求められる、世界的なＩＴ企業や金融企業で、インドの人たちが大活躍していることは有名です。

　たとえば、34×11 を「インド式計算法」で、暗算してみましょう。
　不思議な計算法です。まず「34」の「3」を百の位、「4」をそのまま一の位にします。「3 □ 4」というように、十の位はあけておきます。
　つぎに「34」の「3」と「4」をたします。「3＋4」ですから「7」。この「7」を先ほどあけておいた「3 □ 4」の十の位に入れます。
　この「374」が「34×11」の答えなのです。
　いかがですか？　「インド式計算法」なら、このように２ケタ×２ケタのかけ算から、３ケタ×３ケタのかけ算まで、一瞬で暗算できるのです。

　この本では、数あるインド式かけ算のスキルの中から、わかりやすくて、魅力的で、学習効果のある「２ケタ」かけ算と「３ケタ」かけ算を、６つ選んで紹介しています。子どもから大人まで、かけ算を楽しみながら解いているうちに、計算力が自然と養えるような、たくさんの工夫をしました。

　この本は、ベストセラー『ドリル版 インド式かんたん計算法』の続編になります。続編とは言っても、最初の「ドリル版」を読まないと理解できないことはないので、ご安心ください。どちらの本を先に読んでも、心から楽しめますし、「計算力」を養えることはまちがいありません。
　それでは、不思議で魔法のような「インド式計算法」の世界を、たっぷり楽しんでください！

もくじ

1章　インド式かんたん かけ算【第1スキル】

2章　インド式かんたん かけ算【第2スキル】

7章　インド式かんたん「まとめテスト」

編集協力　　株式会社エディット
執筆協力　　ジェイアクト
本文DTP　　株式会社千里

本書の使い方

―計算が苦手な人でも、すぐできる！―

①この本は、「インド式計算法」のとてもかんたんな入門書です。むずかしい本ではないので、安心してください。

②計算が苦手な人、算数が好きでない人でも、楽しめるように、できるだけわかりやすく説明してあります。

③「インド式計算法」は、ふつうの計算とはちがって、魔法のような魅力があるので、ページをめくっているうちに、計算や算数が大好きになっているかもしれません。

―書き込むと、頭がよくなるよ！―

①この本は、「書き込み式」のドリルになっています。空欄にしっかりと数を書き込みましょう。

②本に直接、書き込んでもいいですし、本をコピーして、そのコピーに書き込んでもいいです。

③大事なことは、えんぴつを使って書き込むこと。書き込むことで、脳が活性化され、「インド式計算法」が身につき、頭もよくなります！

たっぷり、6つの「スキル」を紹介！

①この本では、魅力的な「インド式かけ算」のスキルを、たっぷり6つも紹介しています！

②6つのスキルは、誰もがかんたんにできて、楽しいものばかりです。魔法のような計算法を味わってください！

③「インド式かけ算」は2ケタ×2ケタのかけ算が有名です。この本では、なんと3ケタ×3ケタのかけ算も登場します！ おもしろい計算法なので、チャレンジしてみましょう。

ステップで覚えるのが、「インド式」！

①「インド式計算法」は、2つ、もしくは3つのステップで覚えるのが基本です。ステップで覚えると、計算法がとてもかんたんに身につきます。

②まずは「ステップ1」を練習して、頭を柔らかくします。そして「ステップ2」、「ステップ3」に進みます。3ケタ×3ケタのかけ算までが、2つや3つのステップだけで、かんたんに解けるのですから、頭がワクワクするはずです！

1 「9」が続くと、必ず奇跡が起こる!? 99 のかけ算…「99×98」を一瞬で解く

　「インド式かけ算」には、魔法のような楽しい計算法がたくさんあります。「99」や「999」のように、「9」の数が続くと、不思議なことが起きます。

　「99 × 98」など、「99」を使った2ケタかけ算が、驚くほどかんたんに解けるのです。

ポイント❶　「99 のかけ算」の答えは、4ケタになるよ！

まず、4ケタの答えを入れる、4つのボックスをつくりましょう！

4つの箱
だよ！

　インド式かけ算【第1スキル】は、たった2つのステップで解けます。

26×99 の場合

ステップ❶

まず、小さい数から、1をひいた答えを、Aのボックスに入れます。

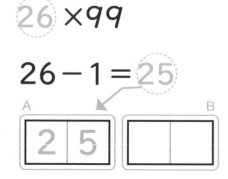

26 ×99

26－1＝25

ステップ②

つぎに、Aのボックスに入れた数を、99からひいて、その答えをBの
ボックスに入れます。ちょっと不思議な魔法のようなかけ算ですね。

$$99 - 25 = 74$$

A | B
2 5 | 7 4

答えは 2574 です。

かんたんですね。
もう一度、計算の順序を確認しながら、かけ算をしましょう。

79×99 の場合

ステップ①

まず、小さい数から、1をひいた答えを、Aのボックスに入れます。

$$79 \times 99$$

$$79 - 1 = 78$$

A | B
7 8 |

かんたん
だね！

ステップ②

つぎに、Aのボックスに入れた数を、99からひいて、
その答えをBのボックスに入れます。かんたんでしょう！

$$99 - 78 = 21$$

A | B
7 8 | 2 1

答えは 7821 です。

ポイント❷ 小さい数を前におくのが、コツだよ！

【第1スキル】に慣れるまでは、計算の順番に合わせて、小さい数を「99」の前におきましょう。

かけ算は、前とうしろを入れ替えても、答えは変わりません。

99×46 の場合 … 46×99 と、小さい数を前におきます。

ステップ❶

まず、小さい数から、1をひいた答えを、Aのボックスに入れます。

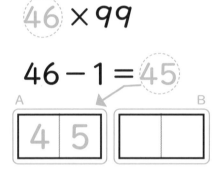

小さい数が前だよ

$$46 \times 99$$

$$46 - 1 = 45$$

ステップ❷

つぎに、Aのボックスに入れた数を、99からひいて、その答えをBのボックスに入れます。

だんだんと慣れてきましたね。

$$99 - 45 = 54$$

答えは　4554　です。

【第1スキル】のコツは、小さい数から計算をはじめること。

ただ、この章のドリルを楽しんでいるうちに、「99」と2ケタの数のどちらが前でも、スラスラと計算できるようになるはずです。

ポイント❸ ステップ❷ の答えは必ず2ケタにしよう！

ステップ❷ の答えが1ケタになったときには、十の位に「0」を入れましょう。

97×99 の場合

ステップ❶

まず、小さい数から、1をひいた答えを、A のボックスに入れます。

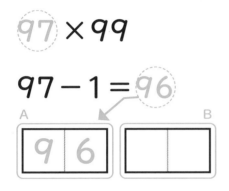

小さい数から
1をひきます

ステップ❷

つぎに、A のボックスに入れた数を、99からひいて、その答えを B のボックスに入れます。

答えが1ケタになりますね。

このように、ステップ❷ の答えが1ケタになった場合は、十の位に「0」を入れましょう。99のかけ算の答えは、「99×10」をのぞき、必ず4ケタになるからです。

答えは 9603 です。

「9」の数が続く「99」を使った2ケタ×2ケタのかけ算は、ひき算を2回するだけで、暗算で答えが出ます。魔法のような計算法ですね。

「9」が続くと、必ず奇跡が起こる!?
ステップ❶ の練習　最初は、ひき算！

（例）　99×98

小さい数
98−1

= | 9 | 7 |

小さい数から
1をひこう！

1　（例）のように、小さい数から1をひきましょう。

▶答えは116ページ

① 22×99

小さい数
◯ −1

=

② 37×99

小さい数
◯ −1

=

③ 51×99

小さい数
◯ −1

=

④ 43×99

小さい数
◯ −1

=

2 16ページの（例）のように、小さい数から1をひきましょう。

▶答えは116ページ

① 99×31

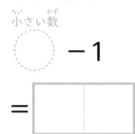

小さい数 ◯ −1

= □□

② 19×99

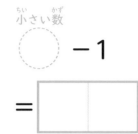

小さい数 ◯ −1

= □□

③ 17×99

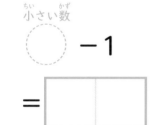

小さい数 ◯ −1

= □□

④ 40×99

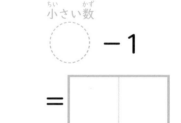

小さい数 ◯ −1

= □□

⑤ 99×69

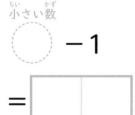

小さい数 ◯ −1

= □□

⑥ 91×99

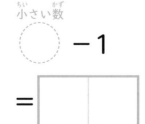

小さい数 ◯ −1

= □□

（例）　99×98

ステップ❶
小さい数から1をひく。

98−1

=｜ 9 ｜ 7 ｜

└─ 99からひき算する

ステップ❷

99−｜ A 9 ｜ 7 ｜ ＝｜ B 0 ｜ 2 ｜

（答え）｜ A 9 ｜ 7 ｜ 　｜ B 0 ｜ 2 ｜　並べる！

└─ 十の位に0を入れる

---

1 （例）のように計算して、かけ算の答えを出しましょう。

▶答えは116ページ

① 22×99

ステップ❶
小さい数から1をひく。

22−1

=｜　｜　｜

ステップ❷

99−｜ A ｜　｜ ＝｜ B ｜　｜

（答え）｜ A ｜　｜ 　｜ B ｜　｜　並べる！

ステップは
2つだけだよ！

18

2 18ページの(例)のように計算して、かけ算の答えを出しましょう。

▶答えは116ページ

① 37×99

ステップ❶
小さい数から1をひく。

37−1

= A □□

ステップ❷

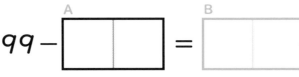

99 − A □□ = B □□

(答え) A □□ B □□ 並べる！

② 51×99

ステップ❶
小さい数から1をひく。

51−1

= A □□

ステップ❷

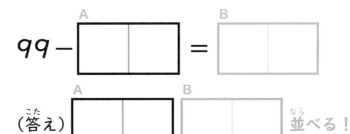

99 − A □□ = B □□

(答え) A □□ B □□ 並べる！

③ 43×99

ステップ❶
小さい数から1をひく。

43−1

= A □□

ステップ❷

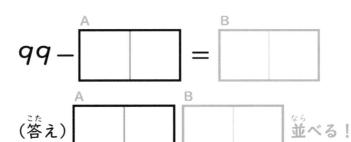

99 − A □□ = B □□

(答え) A □□ B □□ 並べる！

3 18ページの(例)のように計算して、かけ算の答えを出しましょう。

▶答えは 116 ページ

① 99×31

ステップ①
小さい数から1をひく。

31−1

= [A |]

ステップ②

99 − [A |] = [B |]

(答え) [A |] [B |]　並べる！

② 19×99

ステップ①
小さい数から1をひく。

19−1

= [A |]

ステップ②

99 − [A |] = [B |]

(答え) [A |] [B |]　並べる！

③ 17×99

ステップ①
小さい数から1をひく。

17−1

= [A |]

ステップ②

99 − [A |] = [B |]

(答え) [A |] [B |]　並べる！

4 18ページの(例)のように計算して、かけ算の答えを出しましょう。

▶答えは 116 ページ

① 40×99

ステップ❶
小さい数から 1 をひく。

40−1

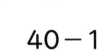

ステップ❷

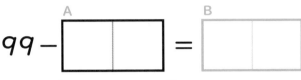

② 99×69

ステップ❶
小さい数から 1 をひく。

69−1

ステップ❷

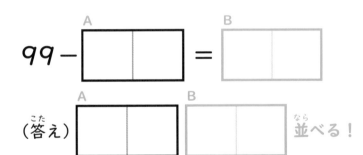

③ 91×99

ステップ❶
小さい数から 1 をひく。

91−1

ステップ❷

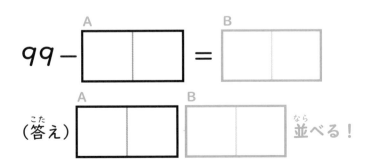

4 「9」が続くと、必ず奇跡が起こる!?
「99 のかけ算」を一瞬で暗算しよう!

　この章の終わりで、「インド式かけ算」の【第1スキル】で、「99」を使った2ケタのかけ算を暗算する練習をしましょう。

　2つのステップを、順番に考えながら計算すれば、頭の回転がどんどん速くなりますよ。

■1 「インド式かけ算」の【第1スキル】で、かけ算の答えを出しましょう。

▶答えは 116 ページ

① 99×12

=

② 33×99

=

③ 92×99

=

④ 62×99

=

⑤ 57×99

=

⑥ 11×99

=

2 「インド式かけ算」の【第1スキル】で、かけ算の答えを出しましょう。

▶答えは116ページ

① 99×77

=

② 38×99

=

③ 18×99

=

④ 99×52

=

⑤ 16×99

=

⑥ 49×99

=

⑦ 99×14

=

⑧ 99×21

=

3 「インド式かけ算」の【第1スキル】で、かけ算の答えを出しましょう。

▶答えは 117 ページ

① 99×94

=

② 99×73

=

③ 55×99

=

④ 99×59

=

⑤ 93×99

=

⑥ 83×99

=

⑦ 99×70

=

⑧ 99×41

=

4 「インド式かけ算」の【第1スキル】で、かけ算の答えを出しましょう。

▶答えは117ページ

① 99×20

=

② 39×99

=

③ 15×99

=

④ 99×75

=

⑤ 85×99

=

⑥ 61×99

=

⑦ 99×23

=

⑧ 99×13

=

1 「999×723」をすぐ解く、すごいコツ 「3ケタのかけ算」もスラスラできる！

　いよいよ、3ケタ×3ケタのかけ算の登場です。むずかしくないので、安心してください。「9」の数が続く「999」を使った3ケタかけ算も、驚くほどかんたんに答えが出ます。【第2スキル】は【第1スキル】と計算のやり方は同じですが、ケタが1つ増えるので、それだけ頭が磨かれるはずです。

ポイント❶ 「999のかけ算」の答えは、6ケタになるよ！

まず、6ケタの答えを入れる、6つのボックスをつくりましょう！

今度は6つの箱だよ！

　インド式かけ算【第2スキル】は、たった2つのステップで解けます。

658×999 の場合

ステップ❶

まず、小さい数から、1をひいた答えを、Aのボックスに入れます。

658 ×999

658−1＝657

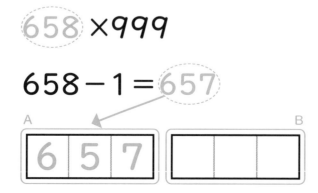

ステップ❷

つぎに、Aのボックスに入れた数を、999からひいて、その答えをBのボックスに入れます。3ケタかけ算でも、あっという間に答えが出ます。

$$999-657=342$$

A		
6	**5**	**7**

B		
3	4	2

答えは　657342　です。

では、もう一度、計算の順序を確認しながら、かけ算をしましょう。

413×999 の場合

ステップ❶

まず、小さい数から、1をひいた答えを、Aのボックスに入れます。

$$413×999$$
$$413-1=412$$

A		
4	1	2

B		

ステップ❷

つぎに、Aのボックスに入れた数を、999からひいて、その答えをBのボックスに入れます。3ケタのかけ算でも、暗算できるね！

$$999-412=587$$

A		
4	**1**	**2**

B		
5	8	7

答えは　412587　です。

ポイント② 小さい数を前におくのが、コツだよ！

【第2スキル】に慣れるまでは、計算の順番に合わせて、小さい数を「999」の前におきましょう。

かけ算は、前とうしろを入れ替えても、答えは変わりません。

999×326 の場合

… 326×999 と、小さい数を前におきましょう。

ステップ①

まず、小さい数から、1 をひいた答えを、A のボックスに入れます。

326 ×999

326－1＝325

おもしろいね！

A
| 3 | 2 | 5 |

B
| | | |

ステップ②

つぎに、A のボックスに入れた数を、999 からひいて、その答えを B のボックスに入れます。だんだんと慣れてきたね！

999－325＝674

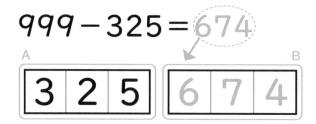

答えは 325674 です。

【第2スキル】のコツも、小さい数から計算をはじめること。

この章のドリルを楽しんでいるうちに、「999」と3ケタの数のどちらが前でも、スラスラと計算できるようになるはずです。

ポイント❸ ステップ❷ の答えは必ず3ケタにしよう！

ステップ❷ の答えが1ケタや2ケタになったときには、百の位や十の位に「0」を入れます。「999のかけ算」の答えは、「999×100」をのぞき、必ず6ケタになるからです。

991×999 の場合

ステップ❶

まず、小さい数から、1をひいた答えを、Aのボックスに入れます。

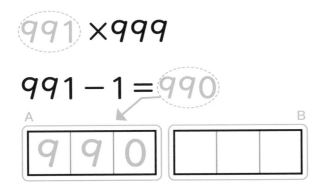

$$991 \times 999$$

$$991 - 1 = 990$$

ステップ❷

つぎに、Aのボックスに入れた数を、999からひいて、その答えをBのボックスに入れます。答えが1ケタになったね。

このように、ステップ❷ の答えが1ケタや2ケタになった場合は、百の位や十の位に「0」を入れましょう。

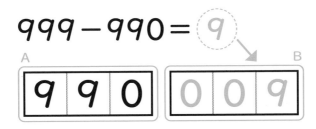

$$999 - 990 = 9$$

答えは 990009 です。

「9」の数が続く「999」を使った3ケタ×3ケタのかけ算も、ひき算を2回するだけで、かんたんに答えが出ます。慣れると、3秒で解くこともできます。

2 「999×723」をすぐ解く、すごいコツ
ステップ① の練習 最初は、ひき算！

（例）　999×723

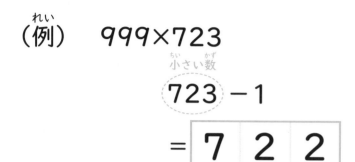

小さい数
723 −1
= 7 2 2

小さい数から
1をひこう！

1 （例）のように、小さい数から1をひきましょう。

▶答えは117ページ

① 252×999

小さい数
◯ −1
=

② 486×999

小さい数
◯ −1
=

③ 758×999

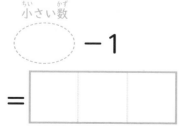

小さい数
◯ −1
=

④ 999×942

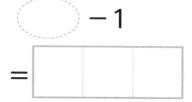

小さい数
◯ −1
=

2 30 ページの (例) のように、小さい数から 1 をひきましょう。

▶答えは 117 ページ

① 999×842

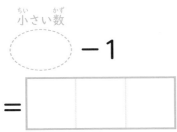

② 179×999

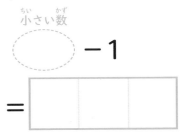

③ 796×999

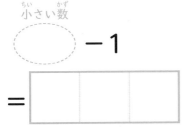

④ 456×999

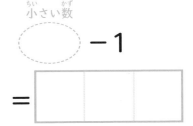

⑤ 999×643

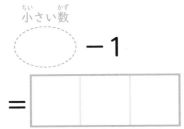

⑥ 993×999

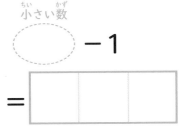

3 「999×723」をすぐ解く、すごいコツ
ステップ② の練習 最後は、並べる！

（例） 999×723

3ケタでも
かんたんだよ！

ステップ①
小さい数から1をひく。

$$723 - 1$$

$$= \boxed{7\ 2\ 2}$$
A

999からひき算する

ステップ②

$$999 - \underset{A}{\boxed{7\ 2\ 2}} = \underset{B}{\boxed{2\ 7\ 7}}$$

（答え） $\underset{A}{\boxed{7\ 2\ 2}}\ \underset{B}{\boxed{2\ 7\ 7}}$

並べる！

---

1 （例）のように計算して、かけ算の答えを出しましょう。

▶答えは117ページ

① 252×999

ステップ①
小さい数から1をひく。

$$252 - 1$$

$$= \boxed{\ \ }$$
A

ステップ②

$$999 - \underset{A}{\boxed{\ \ }} = \underset{B}{\boxed{\ \ }}$$

（答え） $\underset{A}{\boxed{\ \ }}\ \underset{B}{\boxed{\ \ }}$

並べる！

2 32ページの(例)のように計算して、かけ算の答えを出しましょう。

▶答えは117ページ

① 486×999

ステップ❶

小さい数から1をひく。

486−1

A
= □□□

ステップ❷

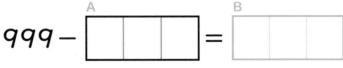

999− □□□ = □□□
    A   B

(答え) □□□ □□□
      A   B

並べる！

② 758×999

ステップ❶

小さい数から1をひく。

758−1

A
= □□□

ステップ❷

999− □□□ = □□□
    A   B

(答え) □□□ □□□
      A   B

並べる！

③ 999×942

ステップ❶

小さい数から1をひく。

942−1

A
= □□□

ステップ❷

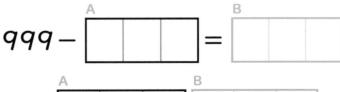

999− □□□ = □□□
    A   B

(答え) □□□ □□□
      A   B

並べる！

目 32 ページの（例）のように計算して、かけ算の答えを出しましょう。

▶答えは 117 ページ

① 999×842

ステップ①
小さい数から 1 をひく。

842−1

= [　|　|　]
　A

ステップ②

999 − [　|　|　]　=　[　|　|　]
　　　　　A　　　　　　　　　B

（答え）[　|　|　]　[　|　|　]
　　　　　A　　　　　　B
　　　　　　　　並べる！

② 179×999

ステップ①
小さい数から 1 をひく。

179−1

= [　|　|　]
　A

ステップ②

999 − [　|　|　]　=　[　|　|　]
　　　　　A　　　　　　　　　B

（答え）[　|　|　]　[　|　|　]
　　　　　A　　　　　　B
　　　　　　　　並べる！

③ 796×999

ステップ①
小さい数から 1 をひく。

796−1

= [　|　|　]
　A

ステップ②

999 − [　|　|　]　=　[　|　|　]
　　　　　A　　　　　　　　　B

（答え）[　|　|　]　[　|　|　]
　　　　　A　　　　　　B
　　　　　　　　並べる！

4 32ページの(例)のように計算して、かけ算の答えを出しましょう。

▶答えは117ページ

① 456×999

ステップ**①**
小さい数から1をひく。

456−1

A
= [ ][ ][ ]

ステップ**②**

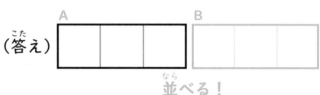

999− A[ ][ ][ ] = B[ ][ ][ ]

(答え) A[ ][ ][ ] B[ ][ ][ ]

並べる！

② 999×643

ステップ**①**
小さい数から1をひく。

643−1

A
= [ ][ ][ ]

ステップ**②**

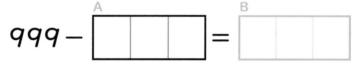

999− A[ ][ ][ ] = B[ ][ ][ ]

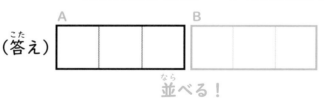

(答え) A[ ][ ][ ] B[ ][ ][ ]

並べる！

③ 993×999

ステップ**①**
小さい数から1をひく。

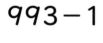

993−1

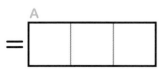

A
= [ ][ ][ ]

ステップ**②**

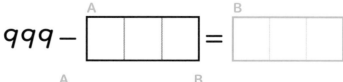

999− A[ ][ ][ ] = B[ ][ ][ ]

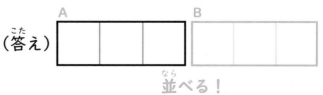

(答え) A[ ][ ][ ] B[ ][ ][ ]

並べる！

4 「999×723」をすぐ解く、すごいコツ 「3ケタのかけ算」暗算してみよう！

　この章の終わりで、「インド式かけ算」の第2スキルで、「999」を使った3ケタのかけ算を暗算する練習をしましょう。2つのステップを暗算で解くようにすると、頭が自然と磨かれていくはずです。

1 「インド式かけ算」の【第2スキル】で、かけ算の答えを出しましょう。

▶答えは118ページ

① 135×999

=

② 957×999

=

③ 489×999

=

④ 999×627

=

⑤ 999×589

=

最初のうちは
メモをしながら
解くのがコツだよ！

2 「インド式かけ算」の【第2スキル】で、かけ算の答えを出しましょう。

▶答えは 118 ページ

① 999×427

= 　｜　｜　　　｜　｜　

② 612×999

= 　｜　｜　　　｜　｜　

③ 773×999

= 　｜　｜　　　｜　｜　

④ 846×999

= 　｜　｜　　　｜　｜　

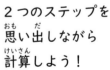

2つのステップを
思い出しながら
計算しよう！

⑤ 999×293

= 　｜　｜　　　｜　｜　

⑥ 999×533

= 　｜　｜　　　｜　｜　

37

3 「インド式かけ算」の【第2スキル】で、かけ算の答えを出しましょう。

▶答えは 118 ページ

① 588×999

= ☐ ☐ ☐ | ☐ ☐ ☐

② 999×996

= ☐ ☐ ☐ | ☐ ☐ ☐

③ 192×999

= ☐ ☐ ☐ | ☐ ☐ ☐

④ 409×999

= ☐ ☐ ☐ | ☐ ☐ ☐

⑤ 999×369

= ☐ ☐ ☐ | ☐ ☐ ☐

⑥ 994×999

= ☐ ☐ ☐ | ☐ ☐ ☐

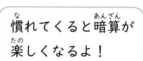

慣れてくると暗算が楽しくなるよ！

4 「インド式かけ算」の【第2スキル】で、かけ算の答えを出しましょう。

▶答えは118ページ

① 711×999

=

② 454×999

=

③ 999×943

=

④ 999×844

=

「999のかけ算」で
計算力はUPして
いるはずだよ！

⑤ 995×999

=

⑥ 333×999

=

1 11の謎…「34×11」が暗算できるワケ
頭が磨かれる「11のかけ算」に挑戦！

「11」という数に、2ケタの数をかけると、とてもおもしろいことが起きます。

なんと、たった1回のたし算で、「2ケタ×11」のかけ算がかんたんに解けてしまうのです！　2ケタのかけ算が、1回のたし算で解けるなんて不思議ですね。

ポイント❶ 【第3スキル】の答えは、3ケタになるよ！

まず、3ケタの答えを入れる、3つのボックスをつくりましょう！

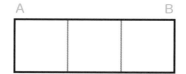

今度は3つの箱だよ！

インド式かけ算【第3スキル】も、たった2つのステップで解けます。

52×11 の場合

ステップ❶

まず、11にかける、2ケタの数の十の位と一の位を、A と B のボックスに入れます。

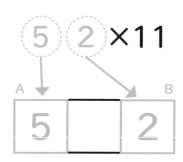

ステップ②

つぎに、**A**と**B**のボックスに入れた数をたして、その答えを真ん中のボックスに入れます。なんと、これでおしまい！

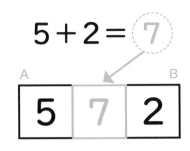

答えは **572** です。

おもしろいですね！
もう一度、計算の順序を確認しながら、かけ算をしましょう。

14×11 の場合

ステップ①

まず、11にかける、2ケタの数の十の位と一の位を、**A**と**B**のボックスに入れます。

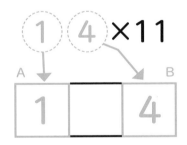

ステップ②

つぎに、**A**と**B**のボックスに入れた数をたして、その答えを真ん中のボックスに入れます。かんたんですね！

$$1+4=5$$

答えは **154** です。

ポイント❷ ステップ❷ の答えが２ケタなら、くり上げるよ！

ステップ❷ の答えが２ケタになることがあります。２ケタは１つの
ボックスに入れることができません。答えが２ケタになったら、まず、
一の位の数だけを真ん中のボックスに入れます。十の位の数は、おとなり
の百の位にくり上げます。

くり上げた数は、必ず「1」になるはずです。つまり、Ａのボックスには、
百の位の数に「1」をたした数が入ることになります。すぐ暗算できますよ！

49×11 の場合

ステップ❶

まず、11 にかける、２ケタの数の十の位と一の位を、Ａ と Ｂ のボック
スに入れます。

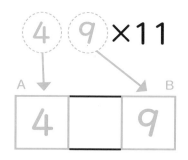

ステップ❷

つぎに、Ａ と Ｂ のボックスに入れた数をたして、答えが２ケタになっ
た場合は、一の位だけを真ん中のボックスに入れます。そして、十の位の
「1」は百の位にくり上げて、Ａ のボックスの数にたします。

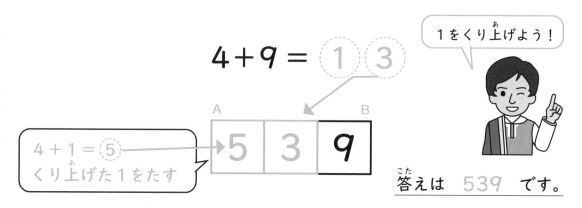

答えは 539 です。

かんたんでしょう！　だんだん慣れてきますよ。

では、もう一度、計算の順序を確認しながら、かけ算をしましょう。

55×11 の場合

ステップ❶

まず、11にかける、2ケタの数の十の位と一の位を、AとBのボックスに入れます。

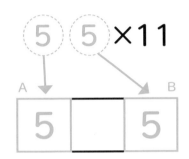

ステップ❷

つぎに、AとBのボックスに入れた数をたして、答えが2ケタになった場合は、一の位だけを真ん中のボックスに入れます。そして、十の位の「1」は百の位にくり上げて、Aのボックスの数にたします。

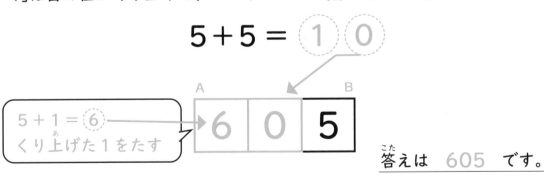

答えは 605 です。

たった1回のたし算で、「2ケタ×11」のかけ算がかんたんに解けてしまうなんて、おもしろいですね！　「11」という数は、「かけ算の魔術師」と言ってもいいでしょう。

つぎの【第4スキル】でも「11の謎」にせまります！

（例）　34×11

11にかける、2ケタの数の十の位と一の位を、AとBのボックスに入れよう！

=　| 3 | | 4 |
　　A　　　　B

1 （例）のように、A・Bのボックスに数を入れましょう。

▶答えは119ページ

① 51×11

② 63×11

③ 11×25

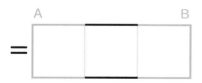

④ 11×45

2 44ページの(例)のように、A・B のボックスに数を入れましょう。

▶答えは 119 ページ

① 81×11

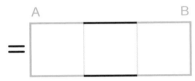

② 33×11

③ 18×11

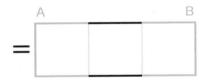

④ 11×71

⑤ 11×22

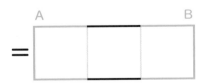

⑥ 11×43

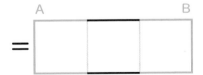

3 11の謎…「34×11」が暗算できるワケ
ステップ❷ の練習 最後は、たし算！

まずは、 ステップ❷ の答えが、1ケタになるかけ算から計算してみましょう。

（例）　34×11

ステップ❶

34×11

A　　　　　B
= | 3 | 4 |

ステップ❷

| 3 | + | 4 | = | 7 |
A　　＋　　B

（答え） | 3 | 7 | 4 |

1 （例）のように計算して、かけ算の答えを出しましょう。

▶答えは119ページ

① 51×11

ステップ❶

51×11

A　　　　　B
= | | | |

ステップ❷

| | + | | = | |
A　　＋　　B

（答え） | | | |

2 46ページの(例)のように計算して、かけ算の答えを出しましょう。

▶答えは119ページ

① 63×11

ステップ①

63×11

= A [　|　|　] B

ステップ②

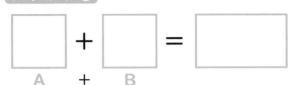

② 11×25

ステップ①

11×25

= A [　|　|　] B

ステップ②

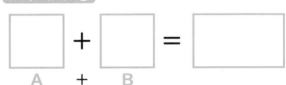

③ 11×45

ステップ①

11×45

= A [　|　|　] B

ステップ②

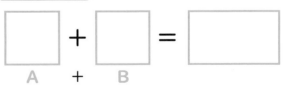

つぎに、 ステップ❷ の答えが、2ケタになるかけ算を計算してみましょう。

くり上がるよ！

（例） 56×11

ステップ❶

56×11

=| 5 | 6 |

A　　　B

ステップ❷

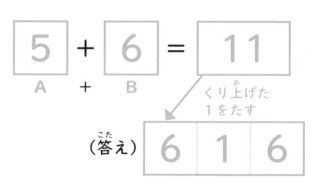

| 5 | + | 6 | = | 11 |

A　+　B

くり上げた
1をたす

（答え）| 6 | 1 | 6 |

❸ （例）のように計算して、かけ算の答えを出しましょう。

▶答えは119ページ

① 48×11

ステップ❶

48×11

=|　|　|　|

A　　　B

ステップ❷

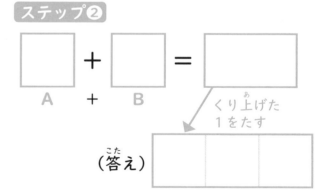

|　| + |　| = |　|

A　+　B

くり上げた
1をたす

（答え）|　|　|　|

4 48ページの(例)のように計算して、かけ算の答えを出しましょう。

▶答えは 119ページ

① 69×11

ステップ❶

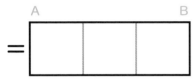

ステップ❷

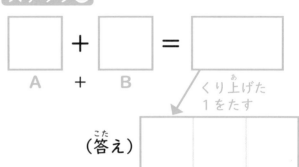

② 75×11

ステップ❶

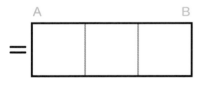

ステップ❷

③ 11×19

ステップ❶

ステップ❷

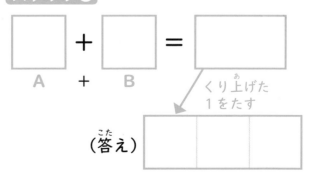

最後に、 ステップ❷ の答えが１ケタになるか、２ケタになるかを考えながら、かけ算を計算してみましょう。

５ 46ページや48ページの（例）のように計算して、かけ算の答えを出しましょう。　　　　　　　　　　　　　　　▶答えは119ページ

① 79×11

ステップ❶

79×11

=

A　　　　　　B

ステップ❷

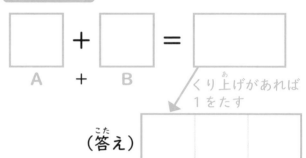

□ ＋ □ ＝ □
A　　＋　　B

くり上げがあれば
1をたす

（答え）

② 11×53

ステップ❶

11×53

=

A　　　　　　B

ステップ❷

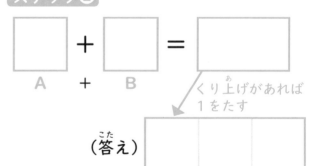

□ ＋ □ ＝ □
A　　＋　　B

くり上げがあれば
1をたす

（答え）

③ 62×11

ステップ❶

62×11

=

A　　　　　　B

ステップ❷

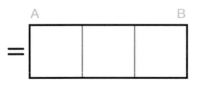

□ ＋ □ ＝ □
A　　＋　　B

くり上げがあれば
1をたす

（答え）

6 46ページや48ページの(例)のように計算して、かけ算の答えを出しましょう。 ▶答えは119ページ

① 11×29

ステップ①

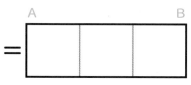

ステップ②

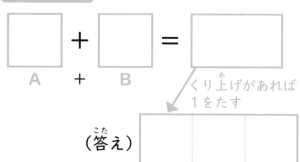

② 86×11

ステップ①

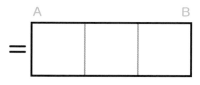

ステップ②

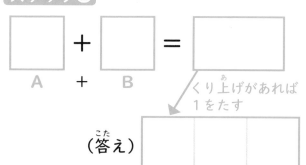

③ 11×13

ステップ①

11×13

ステップ②

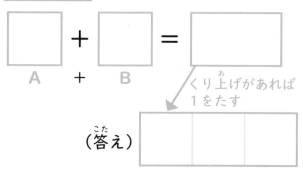

4 11の謎…「34×11」が暗算できるワケ
不思議な「11のかけ算」を暗算で解く

この章の終わりで、「インド式かけ算」の【第3スキル】で、「11」を使ったかけ算を暗算する練習をしましょう。11にかける、2ケタの数の十の位と一の位をたすと、2ケタになるかけ算もあります。2ケタになったらくり上げを忘れないようにしましょう。

1 「インド式かけ算」の【第3スキル】で、かけ算の答えを出しましょう。

▶答えは120ページ

① 68×11

=

② 11×44

=

③ 26×11

=

④ 11×76

=

⑤ 67×11

=

⑥ 16×11

=

2 「インド式かけ算」の【第3スキル】で、かけ算の答えを出しましょう。

▶答えは 120 ページ

① 89×11

=

② 35×11

=

③ 72×11

=

④ 11×59

=

⑤ 11×27

=

⑥ 11×46

=

⑦ 11×85

=

⑧ 11×15

=

1 「3ケタ×11」で頭の回転が速くなる 「11のかけ算」は3ケタもかんたん！

謎の数「11」を使った3ケタかけ算も、たし算だけで、不思議なほどかんたんに答えが出ます。【第4スキル】は【第3スキル】と計算のやり方は同じです。ただ、ケタが1つ増えるので、ステップも1つ増えて3つになります。

それでは、インド式かけ算の魔法のような魅力を、楽しんでください！

ポイント❶ 【第4スキル】の答えは、4ケタになるよ！

まず、4ケタの答えを入れる、A～Dの4つのボックスをつくりましょう！

> ケタが増えると、箱も増えるよ！

インド式かけ算【第4スキル】は、3つのステップで解けます。

153×11 の場合

ステップ❶

まず、11にかける、3ケタの数の百の位の数を A、一の位の数を D のボックスに入れます。

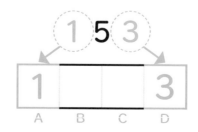

ステップ❷

つぎに、百の位と十の位の数を
たして、**B**のボックスに入れます。

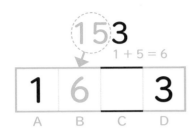

ステップ❸

最後に、十の位と一の位の数をたして、
Cのボックスに入れて、おしまいです！

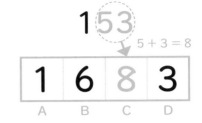

答えは　1683　です。

かんたんですね！
もう一度、計算の順序を確認しながら、かけ算をしましょう。

234×11 の場合

ステップ❶

まず、11 にかける、3ケタの数の百の位の数を **A**、一の位の数を **D** の
ボックスに入れます。

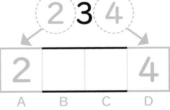

ステップ❷

つぎに、百の位と十の位の数を
たして、**B**のボックスに入れます。

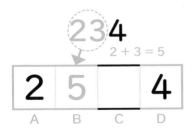

ステップ❸

最後に、十の位と一の位の数をたして、
Cのボックスに入れて、おしまい！

答えは　2574　です。

ポイント❷   ステップ❷・❸ の答えが２ケタなら、くり上げる！

ステップ❷ 、 ステップ❸ の答えが２ケタになることがあります。 ２ケタは１つのボックスに入れることができません。答えが２ケタになったら、まず、一の位の数だけ B・C のボックスに入れます。そして、百の位の数は千の位に、十の位の数は百の位にくり上げます。

計算を楽しんでいるうちに、頭が磨かれてきますよ！

579×11 の場合

ステップ❶

まず、11 にかける、3ケタの数の百の位の数を A、一の位の数を D のボックスに入れます。

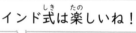

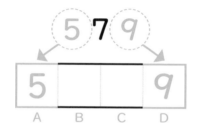

> インド式は楽しいね！

ステップ❷

つぎに、百の位と十の位の数をたして、B のボックスに入れます。

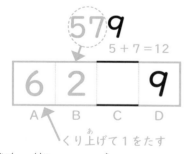

百の位はくり上がるので、A の数に 1 をたします。

ステップ❸

最後に、十の位と一の位の数をたして、C のボックスに入れます。

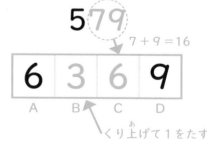

十の位はくり上がるので、B の数に 1 をたして、おしまいです！

答えは 6369 です。

かんたんですね！
もう一度、計算の順序を確認しながら、かけ算をしましょう。

738×11 の場合

ステップ❶

まず、11 にかける、3ケタの数の百の位の数を A、一の位の数を D の
ボックスに入れます。

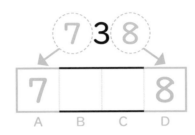

ステップ❷

つぎに、百の位と十の位の数を
たして、B のボックスに入れます。

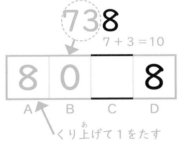

百の位はくり上がるので、A
の数に 1 をたします。

ステップ❸

最後に、十の位と一の位の数をたして、
C のボックスに入れます。

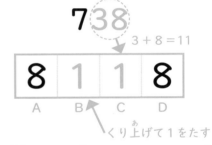

十の位はくり上がるので、B の数に
1 をたして、おしまい！

答えは 8118 です。

「11 のかけ算」は、いかがでしたか？
2回のたし算だけで、「3ケタ×11」のかけ算がかんたんに解けてしまうなんて、魔法のようですね。しかも、計算では「11」という数を1回も使わないのです。「11」は本当に謎のような数ですね！

「３ケタ×11」で頭の回転が速くなる
ステップ❶ の練習 真ん中をあける！

（例）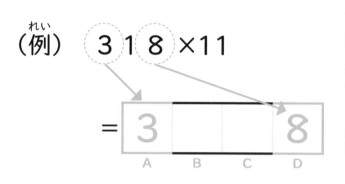

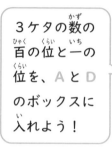

３ケタの数の
百の位と一の
位を、A と D
のボックスに
入れよう！

1 （例）のように、A・D のボックスに数を入れましょう。

▶答えは 121 ページ

① 121×11

② 271×11

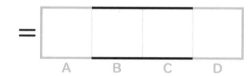

③ 11×105

④ 11×362

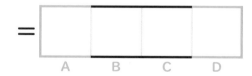

2 58 ページの（例）のように、A・D のボックスに数を入れましょう。

▶答えは 121 ページ

① 536×11

② 726×11

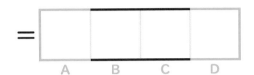

③ 354×11

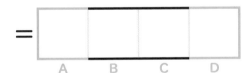

④ 11×425

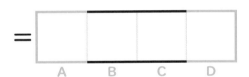

⑤ 11×812

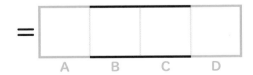

⑥ 11×263

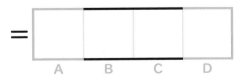

3 「3ケタ×11」で頭の回転が速くなる ステップ② の練習 そして、たし算！

（例） 31 8×11

たす

= | **3** | 4 | | **8** |
A　　　B　　　C　　　D

百の位と十の位をたして B のボックスに入れよう！

1 （例）のように、B のボックスに数を入れましょう。

▶答えは 121 ページ

① 121×11

たす

= | **1** | | | **1** |
A　　　B　　　C　　　D

② 271×11

たす

= | **2** | | | **1** |
A　　　B　　　C　　　D

③ 11×105

たす

= | **1** | | | **5** |
A　　　B　　　C　　　D

④ 11×362

たす

= | **3** | | | **2** |
A　　　B　　　C　　　D

2 60 ページの(例)のように、B のボックスに数を入れましょう。

▶答えは 121 ページ

① 536×11

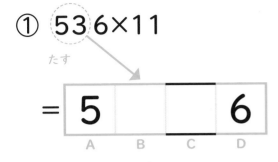

② 726×11

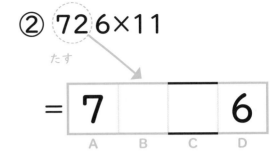

③ 354×11

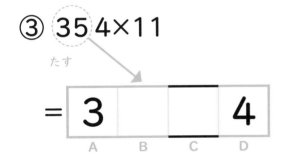

④ 11×425

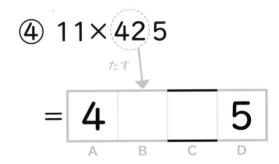

⑤ 11×812

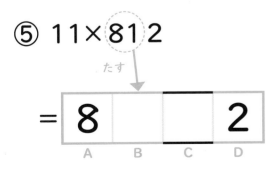

⑥ 11×263

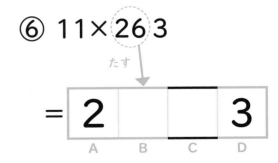

4 「3ケタ×11」で頭の回転が速くなる ステップ❸ の練習 最後も、たし算！

まずは、 ステップ❷ 、 ステップ❸ の答えが、1ケタになるかけ算から計算してみましょう。たし算の答えを、そのまま B・C のボックスに入れるだけなので、かんたんに計算ができますね。

（例）　318×11

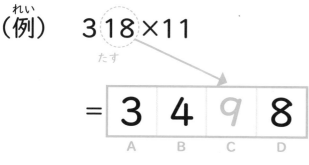

たす

$=$
3	4	9	8
A	B	C	D

（答え）
3	4	9	8

1 （例）のように、C のボックスに数を入れましょう。

▶答えは 121 ページ

① 121×11

たす

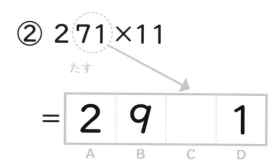

$=$
1	3		1
A	B	C	D

② 271×11

たす

$=$
2	9		1
A	B	C	D

③ 11×105

たす

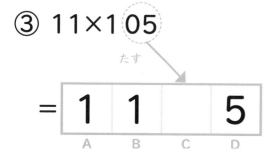

$=$
1	1		5
A	B	C	D

④ 11×362

たす

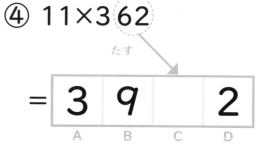

$=$
3	9		2
A	B	C	D

２ 62 ページの(例)のように、Ｃのボックスに数を入れましょう。

▶答えは 121 ページ

① 536×11
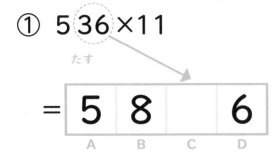

② 726×11
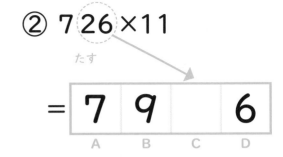

③ 354×11
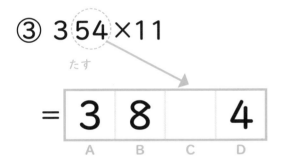

④ 11×425
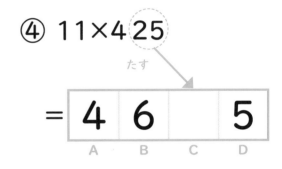

⑤ 11×812
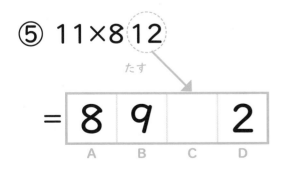

⑥ 11×263
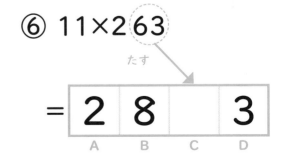

つぎに、ステップ❷、ステップ❸ の答えが、2ケタになるかけ算を計算してみましょう。まず、一の位だけ B・C のボックスに入れます。そして、百の位の数は千の位に、十の位の数は百の位にくり上げます。

（例） ステップ❶

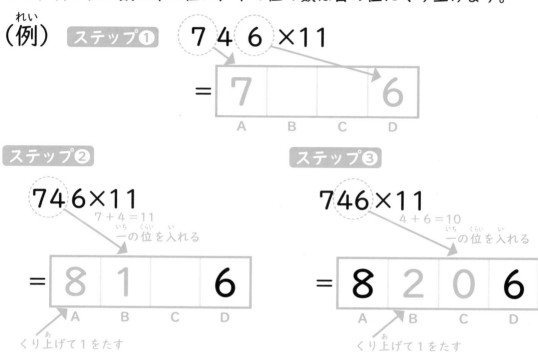

$7\ 4\ 6\ \times 11$

ステップ❷

746×11

7 + 4 = 11
一の位を入れる

= 8 1 6
A B C D

くり上げて1をたす

ステップ❸

746×11

4 + 6 = 10
一の位を入れる

= 8 2 0 6
A B C D

くり上げて1をたす

3 （例）のように計算して、かけ算の答えを出しましょう。

▶答えは 121 ページ

① ステップ❶

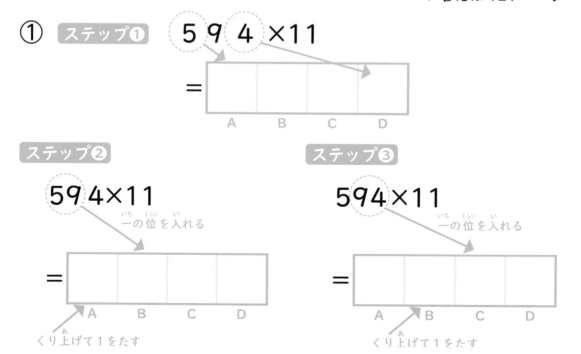

$5\ 9\ 4\ \times 11$

=
A B C D

ステップ❷

594×11

一の位を入れる

=
A B C D

くり上げて1をたす

ステップ❸

594×11

一の位を入れる

=
A B C D

くり上げて1をたす

4 64ページの(例)のように計算して、かけ算の答えを出しましょう。

▶答えは121ページ

① ステップ❶

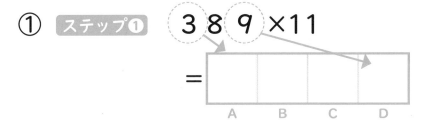

389×11

= [A | B | C | D]

ステップ❷

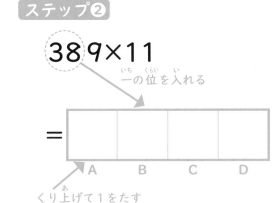

389×11
一の位を入れる
= [A | B | C | D]
くり上げて1をたす

ステップ❸

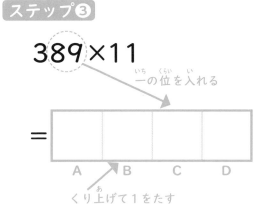

389×11
一の位を入れる
= [A | B | C | D]
くり上げて1をたす

② ステップ❶

492×11

= [A | B | C | D]

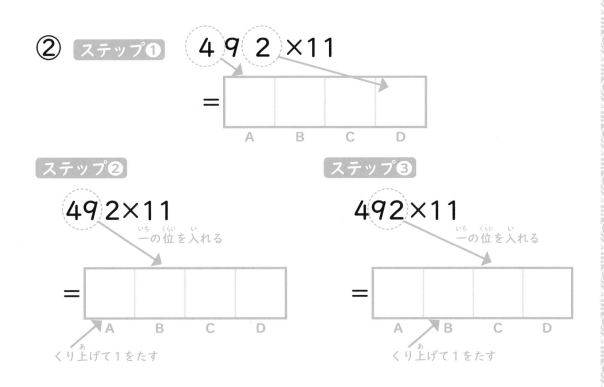

ステップ❷

492×11
一の位を入れる
= [A | B | C | D]
くり上げて1をたす

ステップ❸

492×11
一の位を入れる
= [A | B | C | D]
くり上げて1をたす

最後に、 ステップ② 、 ステップ③ の答えが１ケタになるか、２ケタになるかを考えながら、かけ算を計算してみましょう。２ケタになった場合は、くり上げて、左のボックスに１をたします。

5　58ページ以降の(例)のように計算して、かけ算の答えを出しましょう。

▶答えは 121 ページ

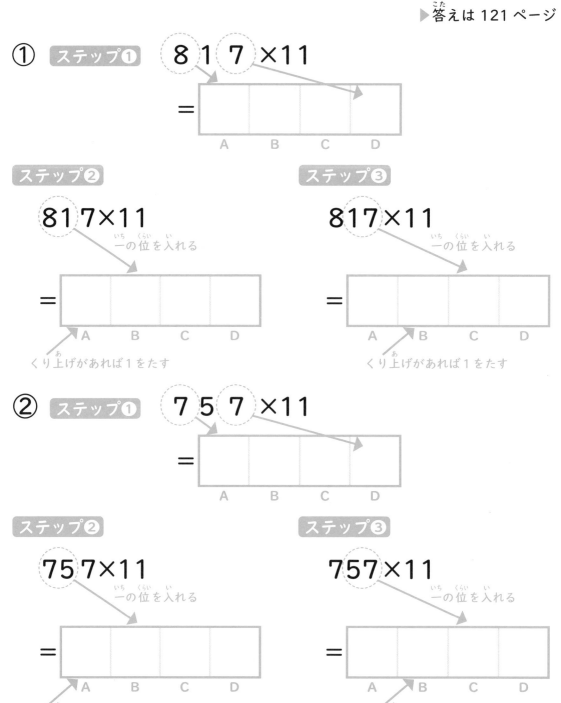

6 58ページ以降の(例)のように計算して、かけ算の答えを出しましょう。

▶答えは 121 ページ

① ステップ❶

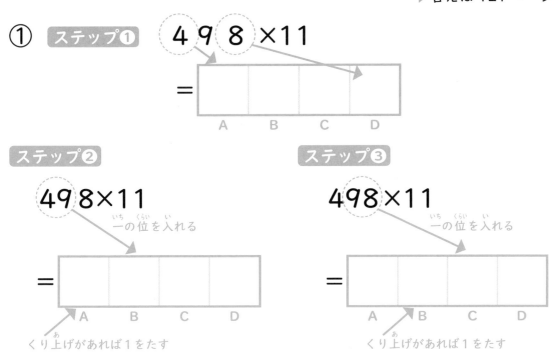

4 9 8 $×11$

= A B C D

ステップ❷

49 8 ×11
一の位を入れる

= A B C D

くり上げがあれば1をたす

ステップ❸

498 ×11
一の位を入れる

= A B C D

くり上げがあれば1をたす

② ステップ❶

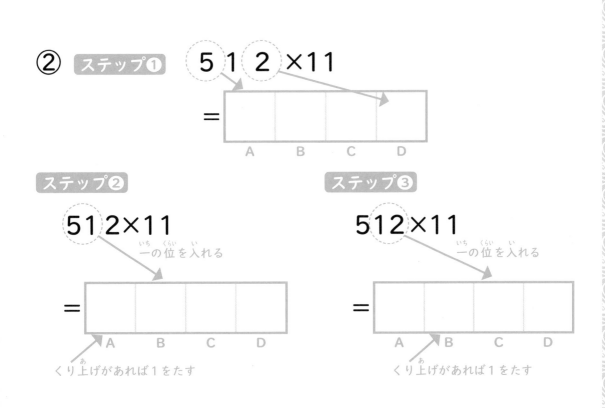

5 1 2 $×11$

= A B C D

ステップ❷

51 2 ×11
一の位を入れる

= A B C D

くり上げがあれば1をたす

ステップ❸

512 ×11
一の位を入れる

= A B C D

くり上げがあれば1をたす

5 「3ケタ×11」で頭の回転が速くなる 「11」の3ケタかけ算、暗算しよう!

　この章の終わりで、「インド式かけ算」の【第4スキル】で、「3ケタ×11」のかけ算を暗算する練習をしましょう。11 にかける、3ケタの数の百の位と十の位、十の位と一の位をたすと、2ケタになるかけ算もあります。2ケタになったら、くり上げを忘れないようにしましょう。

1 「インド式かけ算」の【第4スキル】で、かけ算の答えを出しましょう。

▶答えは 121 ページ

① 513×11

=

② 592×11

=

③ 11×483

=

④ 11×876

=

⑤ 11×802

=

⑥ 798×11

=

2 「インド式かけ算」の【第4スキル】で、かけ算の答えを出しましょう。

▶答えは122ページ

① 665×11

=

② 197×11

=

③ 11×286

=

④ 11×725

=

⑤ 11×398

=

⑥ 612×11

=

⑦ 774×11

=

⑧ 11×375

=

3 「インド式かけ算」の【第4スキル】で、かけ算の答えを出しましょう。

▶答えは 122 ページ

① 413×11

= □□□□

② 325×11

= □□□□

③ 11×574

= □□□□

④ 11×712

= □□□□

⑤ 11×272

= □□□□

⑥ 108×11

= □□□□

⑦ 331×11

= □□□□

⑧ 11×865

= □□□□

4 「インド式かけ算」の【第4スキル】で、かけ算の答えを出しましょう。

▶答えは122ページ

① 295×11

= [ ][ ][ ][ ]

② 11×694

= [ ][ ][ ][ ]

③ 565×11

= [ ][ ][ ][ ]

④ 485×11

= [ ][ ][ ][ ]

⑤ 11×532

= [ ][ ][ ][ ]

⑥ 829×11

= [ ][ ][ ][ ]

⑦ 11×417

= [ ][ ][ ][ ]

⑧ 11×814

= [ ][ ][ ][ ]

1 ２ケタかけ算「魔法のスキル」とは？「100」を使うと、かけ算はすぐ解ける

「98×97」や「96×97」など、100に近い２ケタどうしのかけ算は、むずかしく見えます。

ただ、これをササッと解いてしまうのが、インド式計算法の「魔法のスキル」なのです。

このスキルを覚えると、計算力が一気につきますよ！

ポイント❶ 【第5スキル】の答えは、４ケタになるよ！

まず、４ケタの答えを入れる、**A〜D**の４つのボックスをつくりましょう！

A　B　C　D

インド式かけ算【第5スキル】は、３つのステップで解けます。

98×97 の場合

ステップ❶

まずは、それぞれの数が100より、いくつ小さいかを考えます。

$$98 = 100 - 2$$
100より2小さい

$$97 = 100 - 3$$
100より3小さい

ステップ②

ステップ① で 100 よりいくつ小さいかがわかったら、下の図のように、その数を並べてみましょう。

そして、その数どうしをかけ算して、答えを C・D のボックスに入れます。

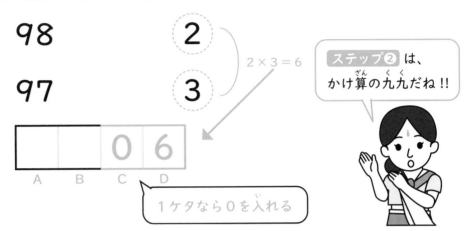

$2 \times 3 = 6$

ステップ② は、かけ算の九九だね!!

1ケタなら0を入れる

ステップ③

最後に、100 に近い2ケタの数のどちらかを選びます。

そして、となりに並んでいる2つの数のうち、斜めにある数をひきます。

この図のように、どちらを選んでも同じ答えになるので、ひき算しやすいほうを選びましょう。

その答えを A・B のボックスに入れます。

なんと、これで、おしまいです！

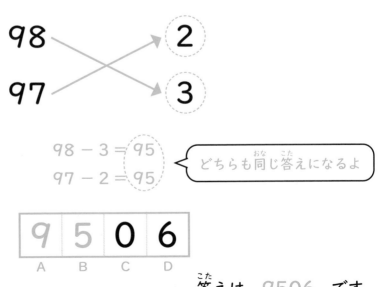

$98 - 3 = 95$
$97 - 2 = 95$

どちらも同じ答えになるよ

9	5	0	6
A	B	C	D

答えは 9506 です。

いかがでしょうか？　とてもかんたんですね！
まさに「魔法のスキル」ですね。
では、もう一度、計算の順序を確認しながら、かけ算をしましょう。

96×94 の場合

ステップ❶

まずは、それぞれの数が 100 より、いくつ小さいかを考えます。

$$96 = 100 - 4$$ 〈100 より 4 小さい

$$94 = 100 - 6$$ 〈100 より 6 小さい

ステップ❷

ステップ❶ で 100 よりいくつ小さいかがわかったら、下の図のように、その数を並べてみましょう。

そして、その数どうしをかけ算して、答えを C・D のボックスに入れます。

96　　4
94　　6
4 × 6 = 24

A	B	C	D
		2	4

ステップ❷ は、かけ算の九九だよ。しっかり覚えているかな？

ステップ❸

最後に、100に近い2ケタの数のどちらかを選びます。

そして、となりに並んでいる2つの数のうち、斜めにある数をひきます。

この図のように、どちらを選んでも同じ答えになるので、ひき算しやすいほうを選びましょう。

その答えをA・Bのボックスに入れます。

これで、おしまい！

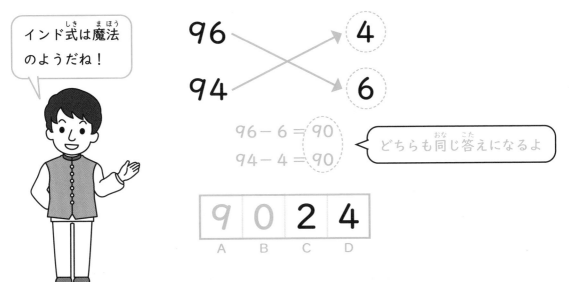

インド式は魔法のようだね！

$96 - 6 = 90$
$94 - 4 = 90$

どちらも同じ答えになるよ

9	0	2	4
A	B	C	D

答えは 9024 です。

インド式かけ算の「魔法のスキル」は、いかがでしたか？

大きな数の2ケタ×2ケタかけ算が、驚くほどかんたんに解けるので、びっくりした人も多いのではないでしょうか。

「魔法のスキル」が使えるかけ算は、「98×97」や「96×97」などの90台の数だけではありません。「98×87」「85×83」といったかけ算でも使えます。

100からあまり近くない数を計算するときは、メモをしながら解くといいでしょう。

2 2ケタかけ算「魔法のスキル」とは？
ステップ❶ の練習 最初は、ひき算！

（例） 98×99

$$98 = 100 - \boxed{{}^{ア}2}$$

$$99 = 100 - \boxed{{}^{イ}1}$$

100 よりいくつ小さい？

100 から2ケタ
の数を、ひいて
みよう！

1 （例）のように、それぞれの数が 100 よりいくつ小さいかを考えましょう。

▶答えは 123 ページ

① 95×98

$$95 = 100 - \boxed{{}^{ア}}$$

$$98 = 100 - \boxed{{}^{イ}}$$

100 よりいくつ小さい？

② 97×93

$$97 = 100 - \boxed{{}^{ア}}$$

$$93 = 100 - \boxed{{}^{イ}}$$

100 よりいくつ小さい？

③ 94×91

$$94 = 100 - \boxed{{}^{ア}}$$

$$91 = 100 - \boxed{{}^{イ}}$$

100 よりいくつ小さい？

④ 92×99

$$92 = 100 - \boxed{{}^{ア}}$$

$$99 = 100 - \boxed{{}^{イ}}$$

100 よりいくつ小さい？

2 76 ページの(例)のように、それぞれの数が 100 よりいくつ小さいかを考えましょう。　　　▶答えは 123 ページ

① 94×93

94 = 100 − [ア　　]

93 = 100 − [イ　　]

100 よりいくつ小さい？

② 91×92

91 = 100 − [ア　　]

92 = 100 − [イ　　]

100 よりいくつ小さい？

③ 95×96

95 = 100 − [ア　　]

96 = 100 − [イ　　]

100 よりいくつ小さい？

④ 98×94

98 = 100 − [ア　　]

94 = 100 − [イ　　]

100 よりいくつ小さい？

⑤ 92×97

92 = 100 − [ア　　]

97 = 100 − [イ　　]

100 よりいくつ小さい？

⑥ 93×95

93 = 100 − [ア　　]

95 = 100 − [イ　　]

100 よりいくつ小さい？

3 2ケタかけ算「魔法のスキル」とは？
ステップ❷ の練習 そして、かけ算！

（例） 98×99

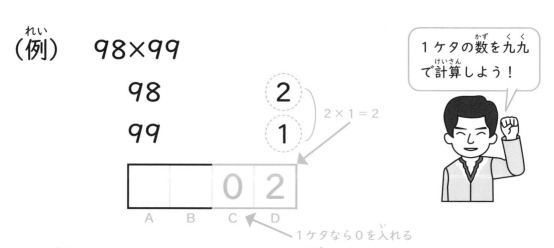

98

99

1ケタの数を九九で計算しよう！

2×1＝2

A	B	C	D
		0	2

1ケタなら0を入れる

1 （例）のように、C・D のボックスに数を入れましょう。

▶答えは 123 ページ

① 95×98

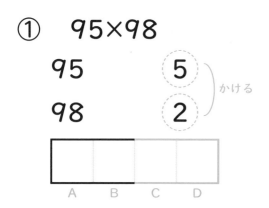

② 97×93

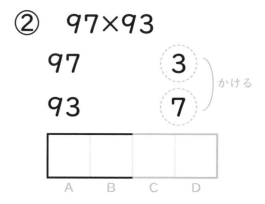

③ 94×91

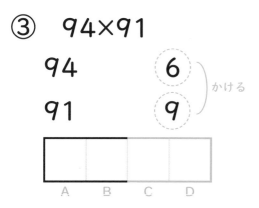

④ 92×99

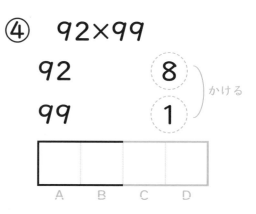

78

2 78 ページの(例)のように、C・D のボックスに数を入れましょう。

▶答えは 123 ページ

① 94×93

94   ⑥
93   ⑦ } かける

A	B	C	D

② 91×92

91   ⑨
92   ⑧ } かける

A	B	C	D

③ 95×96

95   ⑤
96   ④ } かける

A	B	C	D

④ 98×94

98   ②
94   ⑥ } かける

A	B	C	D

⑤ 92×97

92   ⑧
97   ③ } かける

A	B	C	D

⑥ 93×95

93   ⑦
95   ⑤ } かける

A	B	C	D

（例）　98×99

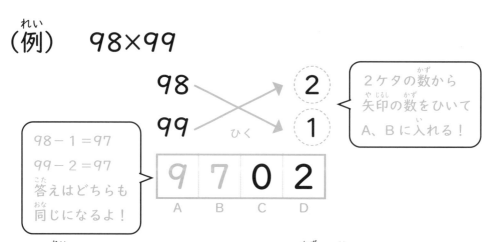

２ケタの数から
矢印の数をひいて
A、B に入れる！

98−1＝97
99−2＝97
答えはどちらも
同じになるよ！

9	7	0	2
A	B	C	D

1 （例）のように、A・B のボックスに数を入れましょう。

▶答えは 123 ページ

① 95×98

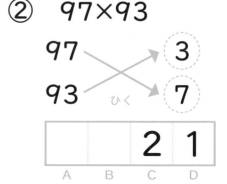

		1	0
A	B	C	D

② 97×93

		2	1
A	B	C	D

③ 94×91

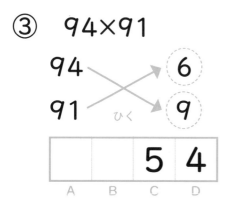

		5	4
A	B	C	D

④ 92×99

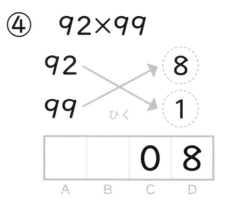

		0	8
A	B	C	D

2 80 ページの（例）のように、**A・B** のボックスに数を入れましょう。

▶答えは 123 ページ

① 94×93

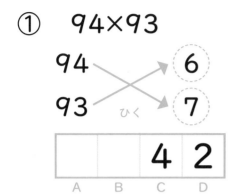

② 91×92

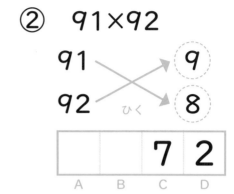

③ 95×96

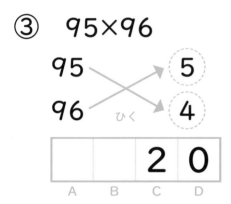

④ 98×94

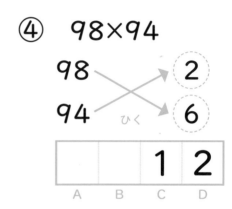

⑤ 92×97

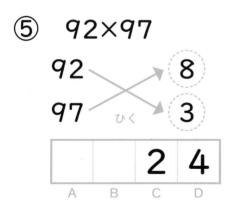

⑥ 93×95

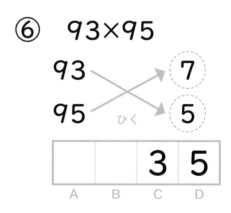

２ケタかけ算「魔法のスキル」とは？
「100」を使って、すぐ暗算してみよう

　この章の終わりで、「インド式かけ算」の【第５スキル】で、２ケタ×２ケタのかけ算を暗算する練習をしましょう。「100」という数を上手に使うのがコツ。３つのステップを順番に考えながら、暗算するといいですよ！

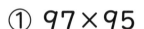 「インド式かけ算」の【第５スキル】で、かけ算の答えを出しましょう。

▶答えは 123 ページ

① 97×95

=

② 98×98

=

③ 91×91

=

④ 93×92

=

⑤ 96×93

=

⑥ 97×98

=

2 「インド式かけ算」の【第5スキル】で、かけ算の答えを出しましょう。

▶答えは 124 ページ

① 93×91

=

② 95×95

=

③ 98×92

=

④ 94×96

=

⑤ 99×97

=

⑥ 97×96

=

⑦ 95×99

=

⑧ 96×96

=

3 「インド式かけ算」の【第5スキル】で、かけ算の答えを出しましょう。

▶答えは124ページ

① 97×91

=

② 95×94

=

③ 94×99

=

④ 96×92

=

⑤ 91×95

=

⑥ 93×93

=

⑦ 98×93

=

⑧ 97×97

=

4 「インド式かけ算」の【第5スキル】で、かけ算の答えを出しましょう。

▶答えは124ページ

① 98×91

=

② 94×97

=

③ 95×92

=

④ 93×99

=

⑤ 96×98

=

⑥ 91×96

=

⑦ 94×92

=

⑧ 99×96

=

6章　インド式かんたん かけ算【第6スキル】

1 「102×104」も魔法のスキルなら一瞬 「100」を使うと、かけ算はすぐ解ける

「102×104」や「102×109」など、100に近い数の3ケタ×3ケタかけ算も、「魔法のスキル」なら、気持ちいいくらい、かんたんに解けてしまいます。

【第6スキル】は【第5スキル】と計算のやり方はほぼ同じですが、ケタが1つ増えるので、そのぶん解けたときの楽しさも大きくなるはずです！

ポイント❶　【第6スキル】の答えは、5ケタになるよ！

まず、5ケタの答えを入れる、A～Eの5つのボックスをつくりましょう！

A　B　C　D　E

インド式かけ算【第6スキル】は、3つのステップで解けます。

102×104 の場合

> 100より、いくつ大きいかな？

ステップ❶

まずは、それぞれの数が100より、いくつ大きいかを考えます。

$$102 = 100 + 2$$ ← 100より2大きい

$$104 = 100 + 4$$ ← 100より4大きい

ステップ②

ステップ① で 100 よりいくつ大きいかがわかったら、下の図のように、その数を並べてみましょう。

そして、その数どうしをかけ算して、答えを D・E のボックスに入れます。

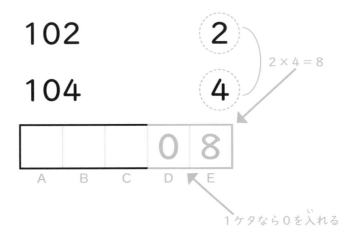

ステップ③

最後に、100 に近い 3 ケタの数のどちらかを選びます。そして、となりに並んでいる 2 つの数のうち、斜めにある数をたします。

下の図のように、どちらを選んでも同じ答えになるので、たし算しやすいほうを選びましょう。

その答えを A・B・C のボックスに入れます。これで、おしまい！

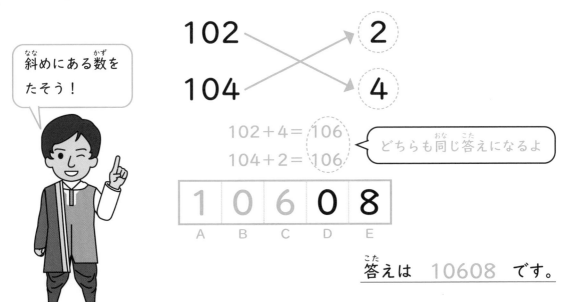

斜めにある数を
たそう！

$102 + 4 = 106$
$104 + 2 = 106$

どちらも同じ答えになるよ

答えは　10608　です。

かんたんでしょう！
３ケタ×３ケタのかけ算が、暗算で解けてしまうなんて、不思議ですね。
インド式かけ算は楽しいだけでなく、頭が磨かれます。
「魔法のスキル」に慣れてくると、計算力が一気にＵＰしますよ！
では、もう一度、計算の順序を確認しながら、かけ算をしましょう。

102×109 の場合

ステップ①

まずは、それぞれの数が 100 より、いくつ大きいかを考えます。

$$102 = 100 + 2$$ 〈 100 より 2 大きい

$$109 = 100 + 9$$ 〈 100 より 9 大きい

ステップ②

ステップ① で 100 よりいくつ大きいかがわかったら、下の図のように、その数を並べてみましょう。

そして、その数どうしをかけ算して、答えを D・E のボックスに入れます。

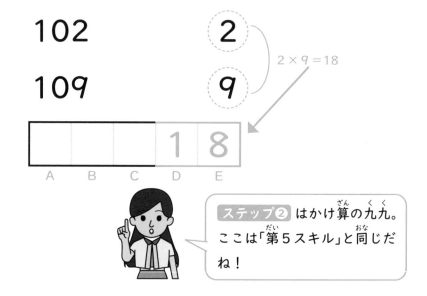

ステップ② はかけ算の九九。ここは「第5スキル」と同じだね！

ステップ③

　最後に、100に近い3ケタの数のどちらかを選びます。そして、となりに並んでいる2つの数のうち、斜めにある数をたします。

　下の図のように、どちらを選んでも同じ答えになるので、たし算しやすいほうを選びましょう。

　その答えを A・B・C のボックスに入れます。かんたんですね！

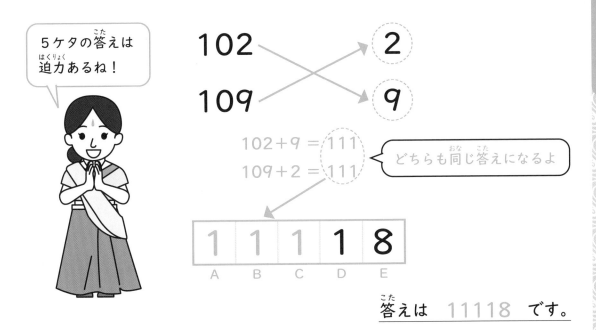

5ケタの答えは迫力あるね！

102　　　　2

109　　　　9

102＋9 ＝ 111
109＋2 ＝ 111

どちらも同じ答えになるよ

1	1	1	1	8
A	B	C	D	E

答えは　11118　です。

　3ケタ×3ケタのかけ算なんて、「暗算できるはずがない！」と思っていませんでしたか？　ただ、「100」という数を上手に使うと、かんたんに解けますね！

　3章で「11の謎」をご紹介しましたが、「100」も不思議な数ですね。「数」の楽しさを知ることができるのも、インド式計算法のいいところです！

　「魔法のスキル」が使えるのは、「102×104」や「102×109」などの数だけではありません。「111×104」「103×125」といったかけ算でも使えます。

　100からあまり近くない数を計算するときは、メモを使うといいでしょう。

（例） 102×104

102＝100＋ ア 2

104＝100＋ イ 4

100 にいくつた
せば、3 ケタの
数になる？

100 よりいくつ大きい？

1 （例）のように、それぞれの数が 100 よりいくつ大きいかを考えましょ
う。
▶答えは 124 ページ

① 105×108

105＝100＋ ア

108＝100＋ イ

100 よりいくつ大きい？

② 107×103

107＝100＋ ア

103＝100＋ イ

100 よりいくつ大きい？

③ 104×101

104＝100＋ ア

101＝100＋ イ

100 よりいくつ大きい？

④ 102×107

102＝100＋ ア

107＝100＋ イ

100 よりいくつ大きい？

2 90 ページの（例）のように、それぞれの数が 100 よりいくつ大きい
かを考えましょう。　　　　　　　　　　　▶答えは 124 ページ

① 101×103

101 = 100 + [ア ⬚]

103 = 100 + [イ ⬚]

100 よりいくつ大きい？

② 104×107

104 = 100 + [ア ⬚]

107 = 100 + [イ ⬚]

100 よりいくつ大きい？

③ 105×106

105 = 100 + [ア ⬚]

106 = 100 + [イ ⬚]

100 よりいくつ大きい？

④ 108×104

108 = 100 + [ア ⬚]

104 = 100 + [イ ⬚]

100 よりいくつ大きい？

⑤ 109×106

109 = 100 + [ア ⬚]

106 = 100 + [イ ⬚]

100 よりいくつ大きい？

⑥ 103×105

103 = 100 + [ア ⬚]

105 = 100 + [イ ⬚]

100 よりいくつ大きい？

「102×104」も魔法のスキルなら一瞬の練習 そして、かけ算！

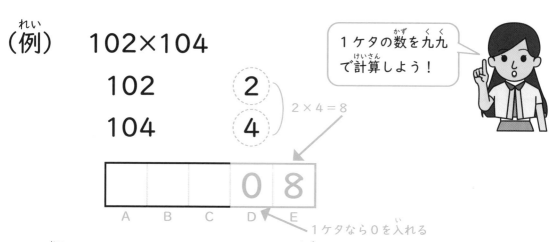

（例） 102×104

102   2

104   4   2×4＝8

A	B	C	D	E
			0	8

1ケタの数を九九で計算しよう！

1ケタなら0を入れる

1 （例）のように、D・Eのボックスに数を入れましょう。

▶答えは 124 ページ

① 105×108

105   5

108   8   かける

A	B	C	D	E

② 107×103

107   7

103   3   かける

A	B	C	D	E

③ 104×101

104   4

101   1   かける

A	B	C	D	E

④ 102×107

102   2

107   7   かける

A	B	C	D	E

2 92ページの(例)のように、D・Eのボックスに数を入れましょう。

▶答えは124ページ

① 101×103

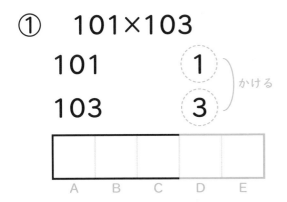

② 104×107

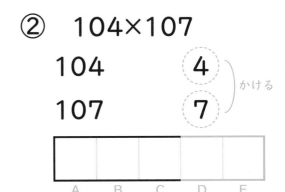

③ 105×106

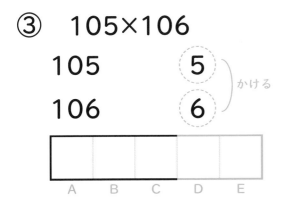

④ 108×104

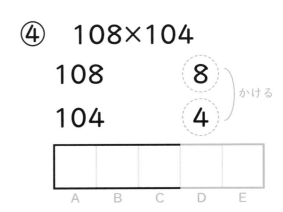

⑤ 109×106

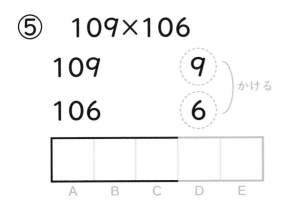

⑥ 103×105

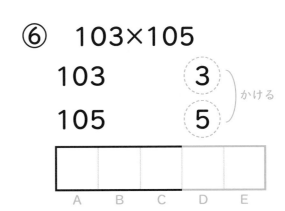

4 「102×104」も魔法のスキルなら一瞬
ステップ❸ の練習 最後は、たし算！

（例） 102×104

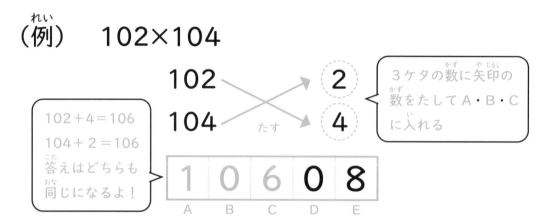

102 ＋ 4 ＝ 106
104 ＋ 2 ＝ 106
答えはどちらも
同じになるよ！

3ケタの数に矢印の
数をたしてA・B・C
に入れる

1	0	6	0	8
A	B	C	D	E

1 （例）のように、A・B・Cのボックスに数を入れましょう。

▶答えは 124 ページ

① 105×108

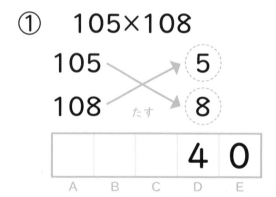

			4	0
A	B	C	D	E

② 107×103

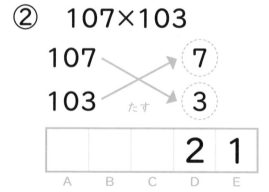

			2	1
A	B	C	D	E

③ 104×101

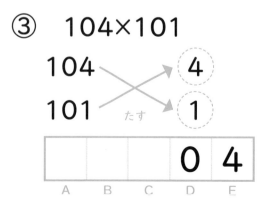

			0	4
A	B	C	D	E

④ 102×107

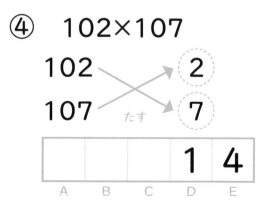

			1	4
A	B	C	D	E

2 94ページの(例)のように、A・B・C のボックスに数を入れましょう。

▶答えは125ページ

① 101×103

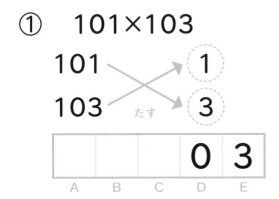

② 104×107

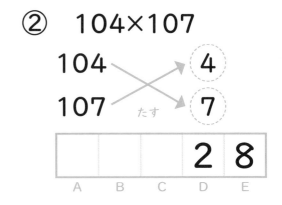

③ 105×106

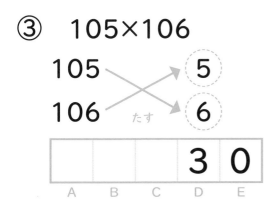

④ 108×104

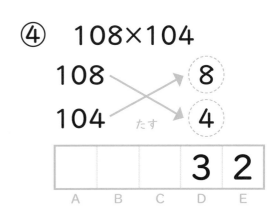

⑤ 109×106

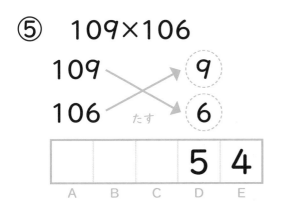

⑥ 103×105

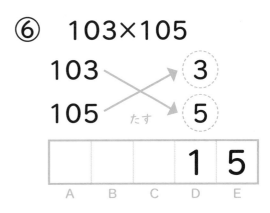

「102×104」も魔法のスキルなら一瞬
「100」を使って、すぐ暗算してみよう

この章の終わりで、「インド式かけ算」の【第6スキル】で、100に近い数の3ケタ×3ケタのかけ算を暗算する練習をしましょう。

「100」という数を上手に使って、3つのステップを順番に考えるのが、暗算のコツですよ！

1 「インド式かけ算」の【第6スキル】で、かけ算の答えを出しましょう。

▶答えは125ページ

① 109×105

=

② 108×106

=

③ 103×103

=

④ 107×107

=

⑤ 109×101

=

⑥ 102×108

=

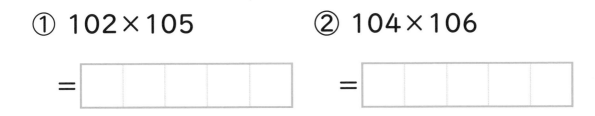

2 「インド式かけ算」の【第6スキル】で、かけ算の答えを出しましょう。

▶答えは 125 ページ

① 102×105

=

② 104×106

=

③ 109×107

=

④ 103×102

=

⑤ 109×108

=

⑥ 106×106

=

⑦ 101×101

=

⑧ 107×105

=

3 「インド式かけ算」の【第6スキル】で、かけ算の答えを出しましょう。

▶答えは 125 ページ

① 104×109

=

② 106×102

=

③ 108×103

=

④ 106×101

=

⑤ 102×102

=

⑥ 103×104

=

⑦ 108×108

=

⑧ 104×105

=

4 「インド式かけ算」の【第6スキル】で、かけ算の答えを出しましょう。

▶答えは 125 ページ

① 101×108

=

② 101×102

=

③ 107×101

=

④ 109×109

=

⑤ 106×103

=

⑥ 107×106

=

⑦ 108×107

=

⑧ 105×101

=

1 インド式かけ算【第1スキル】
「計算力」どこまでついたかな？

この本の最後の章は「まとめテスト」です。

「まとめテスト」で「インド式かけ算」のおさらいをしましょう。まずは【第1スキル】からはじめます。

12～15ページを読みかえしてからテストをすると、計算しやすくなりますよ。

1 「インド式かけ算」の【第1スキル】で、かけ算の答えを出しましょう。

▶答えは126ページ

① 82×99

=

② 67×99

=

③ 99×29

=

④ 99×74

=

⑤ 80×99

=

⑥ 99×48

=

2 「インド式かけ算」の【第1スキル】で、かけ算の答えを出しましょう。

▶答えは126ページ

① 81×99

= ☐

② 60×99

= ☐

③ 99×58

= ☐

④ 99×30

= ☐

⑤ 99×25

= ☐

⑥ 95×99

= ☐

⑦ 71×99

= ☐

⑧ 99×42

= ☐

3 「インド式かけ算」の【第1スキル】で、かけ算の答えを出しましょう。

▶答えは 126 ページ

① 68×99

=

② 99×88

=

③ 27×99

=

④ 47×99

=

⑤ 99×84

=

⑥ 50×99

=

⑦ 99×72

=

⑧ 99×32

=

2 インド式かけ算【第2スキル】 「計算力」をためしてみよう！

つぎは【第2スキル】です。

26〜29ページを読みかえしてからテストをすると、計算しやすくなりますよ。

【第2スキル】の問題も、2つのステップで解けます。

大きな数のひき算になるので、計算をまちがえないように気をつけましょう。

1 「インド式かけ算」の【第2スキル】で、かけ算の答えを出しましょう。

▶答えは126ページ

① 343×999

=

② 175×999

=

③ 999×180

=

④ 999×511

=

⑤ 999×488

=

⑥ 689×999

=

▶答えは 126 ページ

① 404×999

=

② 999×867

=

③ 935×999

=

④ 621×999

=

⑤ 999×765

=

⑥ 806×999

=

⑦ 999×215

=

⑧ 999×673

=

3 「インド式かけ算」の【第2スキル】で、かけ算の答えを出しましょう。

▶答えは126ページ

① 170×999

=

② 999×624

=

③ 973×999

=

④ 432×999

=

⑤ 999×526

=

⑥ 282×999

=

⑦ 999×518

=

⑧ 999×204

=

3 インド式かけ算【第3スキル】「計算力」どこまでついたかな？

つぎは【第3スキル】です。

40〜43ページを読みかえしてからテストをすると、計算しやすくなりますよ。

11にかける、2ケタの数の十の位と一の位をたすと、答えが2ケタになるかけ算もあります。答えが2ケタになったら、くり上げを忘れないようにしましょう。

1 「インド式かけ算」の【第3スキル】で、かけ算の答えを出しましょう。

▶答えは126ページ

① 73×11

=

② 83×11

=

③ 11×24

=

④ 11×39

=

⑤ 11×77

=

⑥ 74×11

=

2 「インド式かけ算」の【第3スキル】で、かけ算の答えを出しましょう。

▶答えは126ページ

① 28×11

$=$

② 11×64

$=$

③ 54×11

$=$

④ 82×11

$=$

⑤ 11×80

$=$

⑥ 61×11

$=$

⑦ 11×41

$=$

⑧ 11×14

$=$

3 「インド式かけ算」の【第3スキル】で、かけ算の答えを出しましょう。

▶答えは 127 ページ

① 21 × 11

=

② 11 × 65

=

③ 46 × 11

=

④ 57 × 11

=

⑤ 11 × 32

=

⑥ 17 × 11

=

⑦ 11 × 66

=

⑧ 11 × 84

=

4 インド式かけ算【第4スキル】 「計算力」をためしてみよう！

つぎは【第4スキル】です。

54〜57ページを読みかえしてからテストをすると、計算しやすくなりますよ。

【第4スキル】は、【第3スキル】と計算のやり方は同じです。ただ、ケタが1つ増えるので、ステップも1つ増えて3つになります。

くり上がりが2回あると、少しむずかしくなりますね。

ただ、慣れれば暗算できるようになりますよ。

1 「インド式かけ算」の【第4スキル】で、かけ算の答えを出しましょう。

▶答えは127ページ

① 573×11

=

② 151×11

=

③ 11×879

=

④ 11×524

=

⑤ 11×699

=

⑥ 715×11

=

2 「インド式かけ算」の【第4スキル】で、かけ算の答えを出しましょう。

▶答えは 127 ページ

① 519×11

= ☐

② 11×795

= ☐

③ 154×11

= ☐

④ 294×11

= ☐

⑤ 11×759

= ☐

⑥ 839×11

= ☐

⑦ 11×181

= ☐

⑧ 11×441

= ☐

B 「インド式かけ算」の【第4スキル】で、かけ算の答えを出しましょう。

▶答えは 127 ページ

① 236×11

= ☐

② 11×306

= ☐

③ 517×11

= ☐

④ 482×11

= ☐

⑤ 11×479

= ☐

⑥ 838×11

= ☐

⑦ 11×544

= ☐

⑧ 11×317

= ☐

インド式かけ算【第5スキル】
「計算力」どこまでついたかな？

つぎは【第5スキル】です。

72〜75ページを読みかえしてからテストをすると、計算しやすくなりますよ。

100に近い2ケタどうしのかけ算は、最初に「それぞれの数が100より、いくつ小さいか」を考えるのがコツです。

1 「インド式かけ算」の【第5スキル】で、かけ算の答えを出しましょう。

▶答えは127ページ

① 95×97

= [　　　　　　]

② 99×99

= [　　　　　　]

③ 92×92

= [　　　　　　]

④ 91×99

= [　　　　　　]

⑤ 95×93

= [　　　　　　]

⑥ 93×98

= [　　　　　　]

6 インド式かけ算【第6スキル】「計算力」をためしてみよう！

つぎは【第6スキル】です。

86～89ページを読みかえしてからテストをすると、計算しやすくなりますよ。

【第6スキル】は、【第5スキル】と計算のやり方はほぼ同じです。

ただ、100に近い3ケタどうしのかけ算は、最初に「それぞれの数が100より、いくつ大きいか」を考えるのがコツです。

 「インド式かけ算」の【第6スキル】で、かけ算の答えを出しましょう。

▶答えは127ページ

① 107×102

=

② 103×109

=

③ 105×105

=

④ 104×104

=

⑤ 107×109

=

⑥ 103×108

=

インド式かけ算【6つのスキル】
「計算力」を最後にさらにUP！

　最後は、「インド式かけ算」の【第1スキル】から【第6スキル】までをすべて混ぜたテストです。

　どのスキルを使って解くかを考えながら、計算をしてみましょう。

　これがスラスラできるようになれば、計算力は満点レベルです！

1　「インド式かけ算」の【第1〜第6スキル】で、かけ算の答えを出しましょう。　　　　　　　　　　　▶答えは127ページ

① 99×53

= ☐

② 875×999

= ☐

③ 11×241

= ☐

④ 24×99

= ☐

⑤ 11×47

= ☐

⑥ 11×36

= ☐

2 「インド式かけ算」の【第1～第6スキル】で、かけ算の答えを出しましょう。

▶答えは127ページ

① 244×11

=

② 527×999

=

③ 596×11

=

④ 999×811

=

⑤ 99×78

=

⑥ 87×11

=

⑦ 11×641

=

⑧ 31×11

=

解答

1章　インド式かんたん かけ算 【第1スキル】

16・17ページ

1　① 21　② 36　③ 50　④ 42

2　① 30　② 18　③ 16　④ 39　⑤ 68　⑥ 90

18・19ページ

1　① A 21　B 78　（答え）2178

2　① A 36　B 63　（答え）3663

　　② A 50　B 49　（答え）5049

　　③ A 42　B 57　（答え）4257

20・21ページ

3　① A 30　B 69　（答え）3069

　　② A 18　B 81　（答え）1881

　　③ A 16　B 83　（答え）1683

4　① A 39　B 60　（答え）3960

　　② A 68　B 31　（答え）6831

　　③ A 90　B 09　（答え）9009

22・23ページ

1　① 1188　② 3267　③ 9108　④ 6138

　　⑤ 5643　⑥ 1089

2　① 7623　② 3762　③ 1782　④ 5148

　　⑤ 1584　⑥ 4851　⑦ 1386　⑧ 2079

24・25 ページ

3　① 9306　② 7227　③ 5445　④ 5841
　　⑤ 9207　⑥ 8217　⑦ 6930　⑧ 4059

4　① 1980　② 3861　③ 1485　④ 7425
　　⑤ 8415　⑥ 6039　⑦ 2277　⑧ 1287

2章　インド式かんたん かけ算 【第2スキル】

30・31 ページ

1　① 251　② 485　③ 757　④ 941

2　① 841　② 178　③ 795　④ 455　⑤ 642　⑥ 992

32・33 ページ

1　① A 251　B 748　（答え）251748

2　① A 485　B 514　（答え）485514

　　② A 757　B 242　（答え）757242

　　③ A 941　B 058　（答え）941058

34・35 ページ

3　① A 841　B 158　（答え）841158

　　② A 178　B 821　（答え）178821

　　③ A 795　B 204　（答え）795204

4　① A 455　B 544　（答え）455544

　　② A 642　B 357　（答え）642357

　　③ A 992　B 007　（答え）992007

1　① 134865　　② 956043　　③ 488511

　　④ 626373　　⑤ 588411

2　① 426573　　② 611388　　③ 772227

　　④ 845154　　⑤ 292707　　⑥ 532467

3　① 587412　　② 995004　　③ 191808

　　④ 408591　　⑤ 368631　　⑥ 993006

4　① 710289　　② 453546　　③ 942057

　　④ 843156　　⑤ 994005　　⑥ 332667

答え、合っているかな？
ドキドキするね！

3章 インド式かんたん かけ算 【第3スキル】

44・45 ページ

1　①A 5　B 1　　②A 6　B 3　　③A 2　B 5　　④A 4　B 5

2　①A 8　B 1　　②A 3　B 3　　③A 1　B 8　　④A 7　B 1

　　⑤A 2　B 2　　⑥A 4　B 3

46・47 ページ

1　①A 5　B 1　A＋B＝6　（答え）561

2　①A 6　B 3　A＋B＝9　（答え）693

　　②A 2　B 5　A＋B＝7　（答え）275

　　③A 4　B 5　A＋B＝9　（答え）495

48・49 ページ

3　①A 4　B 8　A＋B＝12　（答え）528

4　①A 6　B 9　A＋B＝15　（答え）759

　　②A 7　B 5　A＋B＝12　（答え）825

　　③A 1　B 9　A＋B＝10　（答え）209

50・51 ページ

5　①A 7　B 9　A＋B＝16　（答え）869

　　②A 5　B 3　A＋B＝8　（答え）583

　　③A 6　B 2　A＋B＝8　（答え）682

6　①A 2　B 9　A＋B＝11　（答え）319

　　②A 8　B 6　A＋B＝14　（答え）946

　　③A 1　B 3　A＋B＝4　（答え）143

1　① 748　　② 484　　③ 286　　④ 836

　　⑤ 737　　⑥ 176

2　① 979　　② 385　　③ 792　　④ 649

　　⑤ 297　　⑥ 506　　⑦ 935　　⑧ 165

むずかしい問題もあったね！
頭は磨かれたよ！

4章 インド式かんたん かけ算 【第4スキル】

58・59 ページ

1 ① A1 D1   ② A2 D1   ③ A1 D5   ④ A3 D2
2 ① A5 D6   ② A7 D6   ③ A3 D4   ④ A4 D5
   ⑤ A8 D2   ⑥ A2 D3

60・61 ページ

1 ① B3   ② B9   ③ B1   ④ B9
2 ① B8   ② B9   ③ B8   ④ B6   ⑤ B9   ⑥ B8

62・63 ページ

1 ① C3   ② C8   ③ C5   ④ C8
2 ① C9   ② C8   ③ C9   ④ C7   ⑤ C3   ⑥ C9

64・65 ページ

3 ① A6 B5 C3 D4
4 ① A4 B2 C7 D9   ② A5 B4 C1 D2

66・67 ページ

5 ① A8 B9 C8 D7   ② A8 B3 C2 D7
6 ① A5 B4 C7 D8   ② A5 B6 C3 D2

68・69 ページ

1 ① 5643   ② 6512   ③ 5313   ④ 9636
   ⑤ 8822   ⑥ 8778

2 ① 7315 ② 2167 ③ 3146 ④ 7975
⑤ 4378 ⑥ 6732 ⑦ 8514 ⑧ 4125

70・71 ページ

3 ① 4543 ② 3575 ③ 6314 ④ 7832
⑤ 2992 ⑥ 1188 ⑦ 3641 ⑧ 9515
4 ① 3245 ② 7634 ③ 6215 ④ 5335
⑤ 5852 ⑥ 9119 ⑦ 4587 ⑧ 8954

インド式かけ算で
計算力がついてきたよ！

5章　インド式かんたん かけ算 【第5スキル】

76・77 ページ

1　①ア5　イ2　　②ア3　イ7　　③ア6　イ9　　④ア8　イ1

2　①ア6　イ7　　②ア9　イ8　　③ア5　イ4　　④ア2　イ6

　　⑤ア8　イ3　　⑥ア7　イ5

78・79 ページ

1　①C1　D0　　②C2　D1　　③C5　D4　　④C0　D8

2　①C4　D2　　②C7　D2　　③C2　D0　　④C1　D2

　　⑤C2　D4　　⑥C3　D5

80・81 ページ

1　①A9　B3　　（答え）9310

　　②A9　B0　　（答え）9021

　　③A8　B5　　（答え）8554

　　④A9　B1　　（答え）9108

2　①A8　B7　　（答え）8742

　　②A8　B3　　（答え）8372

　　③A9　B1　　（答え）9120

　　④A9　B2　　（答え）9212

　　⑤A8　B9　　（答え）8924

　　⑥A8　B8　　（答え）8835

82・83 ページ

1　①9215　　②9604　　③8281　　④8556

　　⑤8928　　⑥9506

2 ① 8463   ② 9025   ③ 9016   ④ 9024
   ⑤ 9603   ⑥ 9312   ⑦ 9405   ⑧ 9216

84・85 ページ

3 ① 8827   ② 8930   ③ 9306   ④ 8832
   ⑤ 8645   ⑥ 8649   ⑦ 9114   ⑧ 9409
4 ① 8918   ② 9118   ③ 8740   ④ 9207
   ⑤ 9408   ⑥ 8736   ⑦ 8648   ⑧ 9504

6章　インド式かんたん かけ算 【第6スキル】

90・91 ページ

1 ① ア5 イ8   ② ア7 イ3   ③ ア4 イ1   ④ ア2 イ7
2 ① ア1 イ3   ② ア4 イ7   ③ ア5 イ6   ④ ア8 イ4
   ⑤ ア9 イ6   ⑥ ア3 イ5

92・93 ページ

1 ① D4 E0   ② D2 E1   ③ D0 E4   ④ D1 E4
2 ① D0 E3   ② D2 E8   ③ D3 E0   ④ D3 E2
   ⑤ D5 E4   ⑥ D1 E5

94・95 ページ

1 ① A1 B1 C3   （答え）11340
   ② A1 B1 C0   （答え）11021
   ③ A1 B0 C5   （答え）10504
   ④ A1 B0 C9   （答え）10914

2 　① A 1　B 0　C 4　　（答え）10403
　② A 1　B 1　C 1　　（答え）11128
　③ A 1　B 1　C 1　　（答え）11130
　④ A 1　B 1　C 2　　（答え）11232
　⑤ A 1　B 1　C 5　　（答え）11554
　⑥ A 1　B 0　C 8　　（答え）10815

96・97 ページ

1 　① 11445　② 11448　③ 10609　④ 11449
　⑤ 11009　⑥ 11016
2 　① 10710　② 11024　③ 11663　④ 10506
　⑤ 11772　⑥ 11236　⑦ 10201　⑧ 11235

98・99 ページ

3 　① 11336　② 10812　③ 11124　④ 10706
　⑤ 10404　⑥ 10712　⑦ 11664　⑧ 10920
4 　① 10908　② 10302　③ 10807　④ 11881
　⑤ 10918　⑥ 11342　⑦ 11556　⑧ 10605

100・101 ページ

1. ① 8118   ② 6633   ③ 2871   ④ 7326
   ⑤ 7920   ⑥ 4752
2. ① 8019   ② 5940   ③ 5742   ④ 2970
   ⑤ 2475   ⑥ 9405   ⑦ 7029   ⑧ 4158

102・103 ページ

3. ① 6732   ② 8712   ③ 2673   ④ 4653
   ⑤ 8316   ⑥ 4950   ⑦ 7128   ⑧ 3168
1. ① 342657   ② 174825   ③ 179820
   ④ 510489   ⑤ 487512   ⑥ 688311

104・105 ページ

2. ① 403596   ② 866133   ③ 934065
   ④ 620379   ⑤ 764235   ⑥ 805194
   ⑦ 214785   ⑧ 672327
3. ① 169830   ② 623376   ③ 972027
   ④ 431568   ⑤ 525474   ⑥ 281718
   ⑦ 517482   ⑧ 203796

106・107 ページ

1. ① 803   ② 913   ③ 264   ④ 429   ⑤ 847   ⑥ 814
2. ① 308   ② 704   ③ 594   ④ 902   ⑤ 880   ⑥ 671
   ⑦ 451   ⑧ 154

108・109 ページ

3　① 231　　② 715　　③ 506　　④ 627　　⑤ 352　　⑥ 187

　　⑦ 726　　⑧ 924

1　① 6303　　② 1661　　③ 9669　　④ 5764

　　⑤ 7689　　⑥ 7865

110・111 ページ

2　① 5709　　② 8745　　③ 1694　　④ 3234

　　⑤ 8349　　⑥ 9229　　⑦ 1991　　⑧ 4851

3　① 2596　　② 3366　　③ 5687　　④ 5302

　　⑤ 5269　　⑥ 9218　　⑦ 5984　　⑧ 3487

112・113 ページ

1　① 9215　　② 9801　　③ 8464　　④ 9009

　　⑤ 8835　　⑥ 9114

1　① 10914　　② 11227　　③ 11025　　④ 10816

　　⑤ 11663　　⑥ 11124

114・115 ページ

1　① 5247　　② 874125　　③ 2651　　④ 2376

　　⑤ 517　　⑥ 396

2　① 2684　　② 526473　　③ 6556　　④ 810189

　　⑤ 7722　　⑥ 957　　⑦ 7051　　⑧ 341

ドリル版　インド式かんたん計算法
「2ケタ」「3ケタ」かけ算編

著　者──水野　純（みずの・じゅん）

発行者──押鐘太陽

発行所──株式会社三笠書房

〒102-0072　東京都千代田区飯田橋3-3-1
電話：(03)5226-5734（営業部）
　：(03)5226-5731（編集部）
https://www.mikasashobo.co.jp

印　刷──誠宏印刷

製　本──若林製本工場

ISBN978-4-8379-2973-4 C0037
© Jun Mizuno, Printed in Japan
＊本書のコピー、スキャン、デジタル化等の無断複製は著作権法上での
　例外を除き禁じられています。本書を代行業者等の第三者に依頼して
　スキャンやデジタル化することは、たとえ個人や家庭内での利用であっ
　ても著作権法上認められておりません。
＊落丁・乱丁本は当社営業部宛にお送りください。お取替えいたします。
＊定価・発行日はカバーに表示してあります。